Los geht's! – Rechnen gehört zu jeder Textaufgabe!

1 Fit beim Einmaleins? Ergänze die Tabellen. Achte auf jede Null!

•	3	6	5	9	7	60	400
9							
8							
70							

:	100	2 000	500	
30 000				
400 000			400	
2 000				

2 Welche Ziffern gehören in die Lücken? Überlege genau.

```
  1 9 7        2 _ 7        3 7 2          _ 1 8
+ 3 2 6      + 3 2 _      - 1 _ _        - 1 1 _
---------    ---------    ---------      ---------
  _ _ _        6 1 9        2 5 9          2 _ 6
```

```
4 8 · 6 9    1 _ 7 · 4    1 3 · _ 6    3 9 · _
                  4 6          2 6              9
                                           2 7 3
                                             6
```

```
  1 4 4 : _ = 1 8        2 3 4 : 9 = _ _ 1
-   8                  - 1 8
  -----                -----
    6 4                    5 4
  - 6 4                  - 5 4
  -----                  -----
      0                      0 _
                         -
                         -----
                             0
```

Ab der nächsten Seite gibt's Textaufgaben!

Wie löse ich eine Textaufgabe?

	1.	Ich **lese** den Text genau durch!
	2.	Ich **unterstreiche** wichtige Angaben!
?	3.	Ich wiederhole die Aufgabe und die **Frage** genau: Was muss ich herausfinden?
1 + 1 = 2	4.	Ich **berechne** die Aufgabe: Schritt für Schritt!
!	5.	Ich **prüfe** die Rechnung. Ist die Lösung sinnvoll?
	6.	Ich schreibe eine **Antwort**, die zur Frage passt!

Einfache Textaufgaben

> Hier kannst du viele Aufgaben im Kopf rechnen. Natürlich darfst du dir auch gerne etwas dazu notieren. Viel Spaß!
> Dein Professor Siebenkäs

3 Emma beobachtet ein Vogelhaus mit fünfzehn Vögeln vor ihrem Kinderzimmerfenster. Sieben Vögel fliegen weg und neun kommen dazu. Wie viele Vögel kann sie nun beobachten?

4 Ben sammelt Fußballsticker. Er hat schon 120 Sticker. Nun kauft er 7 neue Packungen. In jeder Packung befinden sich 5 Fußballbilder. Wie viele Sticker hat er jetzt?

5 Oma Elke kauft für ihre 5 Enkelkinder insgesamt 15 Kugeln Eis. Jedes Kind bekommt dabei gleich viele Kugeln. Eine Kugel Eis kostet 80 Cent. Wie viel bezahlt Oma für jedes Kind?

6 Can ist in den Sommerferien zu Besuch bei seiner Oma in der Türkei. Als Gastgeschenk bringt er ihr 5 Tafeln Schweizer Schokolade mit. Eine Tafel kostet 1,50 €. Wie viel gibt er für das Geschenk aus?

7 Julians Fußballverein veranstaltet zum Saisonende ein großes Grillfest. Der Jugendwart rechnet mit 89 Besuchern. In einer Bratwurstsemmel sind immer drei kleine Bratwürste. Wie viele Bratwürste müssen gekauft werden, wenn jeder Gast eine Bratwurstsemmel isst?

8

Eintrittspreise:
Erwachsene: 13 €
Kinder (4–12 Jahre): 5 €
Rentner (ab 65 Jahre): 6,50 €

Leonie (11 Jahre) besucht mit ihren Eltern, Oma Gerda (67 Jahre) und dem zweijährigen Bruder den Zoo.

Wie viel Eintritt müssen sie insgesamt bezahlen?

9 Mias Hund hat 11 Welpen bekommen. 3 Weibchen und 4 Männchen haben bereits ein neues Zuhause gefunden. Insgesamt waren es 5 Weibchen. Wie viele Männchen sind noch übrig?

Tipp: Berechne zuerst die Anzahl der Männchen.

10 In Emmas Klasse sind normalerweise 25 Kinder. Heute sind 3 Kinder krank. Deshalb sind gleich viele Mädchen wie Jungen in der Klasse. Wie viele Jungen sind heute in Emmas Klasse?

Tipp: Manchmal hilft eine kleine Skizze!

Natürliche Zahlen – Große Zahlen

Beim Zählen verwendet man die Zahlen 1, 2, 3, 4, 5 ... Diese Zahlen heißen **natürliche Zahlen**. Eine größte natürliche Zahl gibt es nicht. Eine Stellenwerttafel hilft dir, große Zahlen leichter lesen zu können.

Billionen	Hundertmilliarden	Zehnmilliarden	Milliarden	Hundertmillionen	Zehnmillionen	Millionen	Hunderttausender	Zehntausender	Tausender	Hunderter	Zehner	Einer
B	HMrd	ZMrd	Mrd	HM	ZM	M	HT	ZT	T	H	Z	E
		1	7	5	7	3	2	1	0	0	2	1

In Worten: siebzehn Milliarden fünfhundertdreiundsiebzig Millionen zweihundertzehntausendeinundzwanzig

11 Trage die folgenden Zahlen ebenfalls in eine Stellenwerttafel ein.
Tipp: In **einem Kästchen** steht jeweils nur **eine Ziffer**. Achte auf jede Null!

a) eine Million (1 M)

b) einhundert Millionen (1HM oder 100 M)

c) sechs Milliarden (6 Mrd)

d) drei Millionen vierhundertachtundzwanzigtausenddreihundertvierundneunzig

e) eine Billion dreihundertvier Millionen siebenundzwanzigtausendneunhundertsieben

	B	HMrd	ZMrd	Mrd	HM	ZM	M	HT	ZT	T	H	Z	E
a)													
b)													
c)													
d)													
e)													

12 Selina hält ein Referat über das Legoland Deutschland. Das Legoland besteht insgesamt aus circa fünfundfünfzig Millionen Steinen. Schreibe die Zahl mit Ziffern. Achte auf die richtige Anzahl an Nullen!

13 Paul will seinen Bruder ärgern und sagt: „Die Allianz Arena, das große Fußballstadion in München, hat 3 HM 4 ZM Euro gekostet!" Sein Bruder versteht gar nichts. Du kannst ihm bestimmt weiterhelfen. Wie viel Euro hat die Allianz Arena gekostet?

14 Städte und ihre Einwohner: Schreibe alle Zahlen in Ziffern.

Tipp: Gliedere die Zahl von hinten beginnend mit Punkten in **Dreierpäckchen**.

> ☐ Hamburg: 1799000 = **1.799.000**
>
> ☐ Berlin: 3 M 5 HT = _____
>
> ☐ Zürich : dreihundertachtundsiebzigtausendachthundertvierund-achtzig = _____
>
> ☐ Wien: 1 M 7 HT 4 ZT 1 T = _____
>
> ☐ München: eine Million vierhunderttausend = _____

Ordne der Größe nach! Schreibe dazu die Zahlen von 1 bis 5 in die Kästchen vor die Städte. Beginne mit der kleinsten Zahl!

15 Nun stellt Mustafa seiner Familie ein Rätsel: „Wer von euch schafft es, die Zahl 5 043 040 709 104 in Worten richtig zu schreiben?" Kannst du das?

16 Mustafa hat von seinem großen Bruder folgendes Rätsel bekommen: „Wie heißt diese Zahl: 608345678654?" Kreuze an!

a) ◯ 6 HMrd 8 ZMrd 3 HM 4 ZM 5 M 6 HT 7 ZT 8 T 6 H 5 Z 4 E

b) ◯ 6 HMrd 0 ZMrd 8 Mrd 3 HM 4 ZM 5 M 6 HT 7 ZT 8 T 6 H 4 E

c) ◯ 6 HMrd 8 Mrd 3 HM 4 ZM 5 M 6 HT 7 ZT 8 T 6 H 5 Z 4 E

Runden

Beim Runden musst du dir die Ziffer, die direkt rechts neben der zu rundenden Zahl steht, anschauen. Ist diese eine 0, 1, 2, 3 oder 4, rundest du ab. Ist diese eine 5, 6, 7, 8 oder 9, rundest du auf.

Runde auf **Hunderter**

5**1**43 – du musst auf **Hunderter** runden, also musst du dir die **Zehnerstelle (= 4)** anschauen: 4 heißt abrunden $\longrightarrow$ 5**1**43 ≈ 5**1**00 (Achtung: Die Zahl, auf die gerundet wird, bleibt beim **Abrunden gleich**.)

5**1**73 – du musst auf **Hunderter** runden, also musst du dir die **Zehnerstelle (= 7)** anschauen: 7 heißt aufrunden $\longrightarrow$ 5**1**73 ≈ 5**2**00 (Die Zahl, auf die gerundet wird, wird beim **Aufrunden** um **eins größer**.)

(≈ bedeutet: „ist ungefähr")

17 Runde richtig.

a) Runde auf Zehner: 123 ≈ _____ ; 5 217 ≈ _____ ; 639 ≈ _____

b) Runde auf Hunderter: 121 ≈ _____ ; 379 ≈ _____ ; 1 980 ≈ _____

c) Runde auf Tausender: 23 438 ≈ _____ ; 67 899 ≈ _____

d) Runde auf Millionen: 1 099 999 ≈ _____ ; 82 987 532 ≈ _____

18 Welche Ziffer gehört jeweils in die Lücke? Runde passend.

294 ≈ 2__0   167 891 ≈ 16__000   498 789 ≈ 49__000

19 Anja hat für die Schülerzeitung einen Artikel über das Oktoberfest, das größte Volksfest in München, verfasst. So hat sie ihn zurückbekommen:

Grenzenlose Schlemmerei auf dem diesjährigen Oktoberfest

Die Besucher verspeisten 69 294 Schweinshaxen, 1 040 232 halbe Hendl und 149 778 Paar Schweinswürstel.

Runde auf Tausender!

20 Mit dem Kettenkarussell sind an einem Nachmittag rund 250 Kinder und 80 Erwachsene gefahren. Es wurde auf Zehner gerundet.

a) Wie viele Kinder sind maximal damit gefahren, wenn der Schausteller richtig gerundet hat?

Tipp: Es wurde abgerundet!

b) Wie viele Erwachsene sind mindestens damit gefahren, wenn der Schausteller richtig gerundet hat?

Tipp: Es wurde aufgerundet!

21 Das Candy-Land verkaufte an einem Wochentag (Montag bis Freitag) rund 300 Zuckerwatten, am Wochenende (Samstag und Sonntag) waren es pro Tag rund 1 000.

a) Wie viele Zuckerwatten verkaufte der Budenbesitzer am Dienstag mindestens und höchstens, wenn er richtig gerundet hat? Es wurde auf Hunderter gerundet!

b) Wie viele Zuckerwatten verkaufte der Budenbesitzer am Sonntag mindestens und höchstens, wenn er richtig gerundet hat? Es wurde auf Hunderter gerundet!

22 Auf dem Oktoberfest gaben die Besucher in einem Jahr rund 400 Millionen Euro aus. Es wurde auf HM gerundet! Wie viele Euro können das mindestens und höchstens tatsächlich gewesen sein?

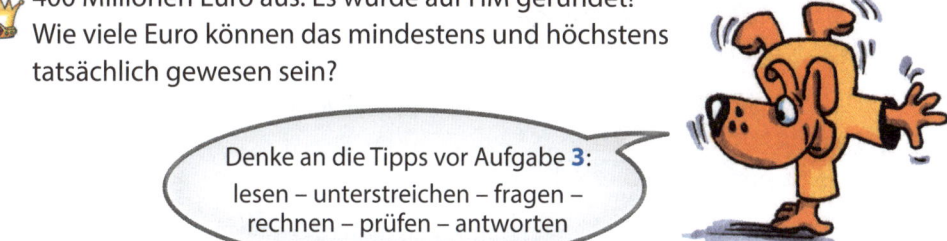

Denke an die Tipps vor Aufgabe **3**:

lesen – unterstreichen – fragen –
rechnen – prüfen – antworten

Diagramme

Säulendiagramm

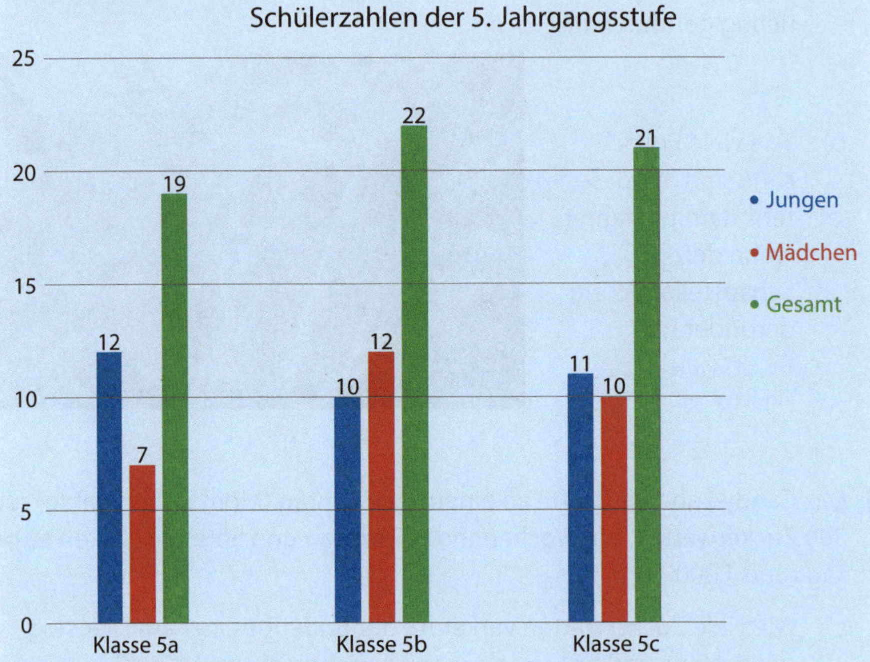

Schülerzahlen der 5. Jahrgangsstufe

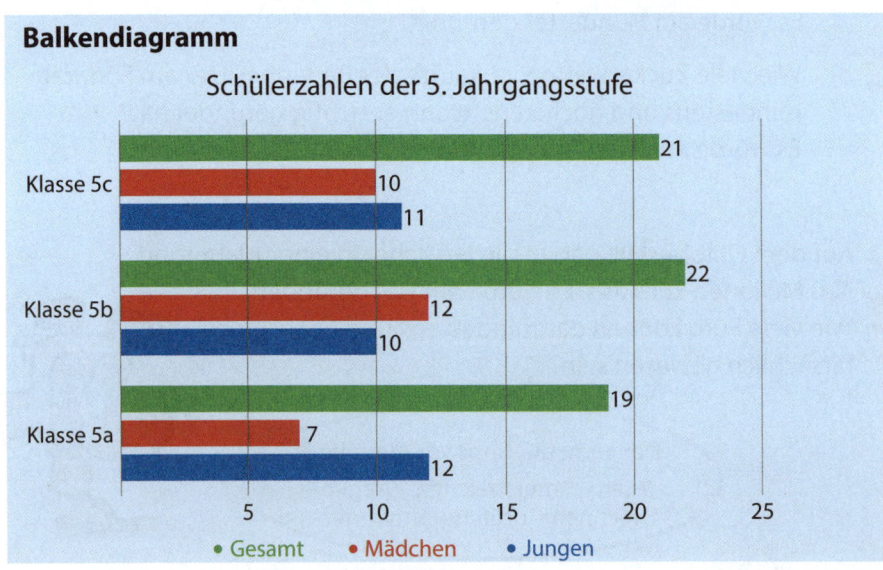

Säulendiagramm:

- Jungen
- Mädchen
- Gesamt

Klasse	Jungen	Mädchen	Gesamt
Klasse 5a	12	7	19
Klasse 5b	10	12	22
Klasse 5c	11	10	21

Balkendiagramm

Schülerzahlen der 5. Jahrgangsstufe

Klasse 5c: 21, 10, 11
Klasse 5b: 22, 12, 10
Klasse 5a: 19, 7, 12

- Gesamt
- Mädchen
- Jungen

23 Sieh dir die Diagramme gut an.

a) Andrea behauptet: „Im Balkendiagramm hat die Klasse 5c mehr Schüler als im Säulendiagramm." Stimmt ihre Behauptung?

b) Wie viele Jungen gehen in die Klasse 5b?

c) Mohammed sagt: „Die Klasse 5b hat die meisten Schüler der 5. Jahrgangsstufe und zudem die meisten Mädchen der 5. Klassen in einer Klasse." Stimmen seine Aussagen?

d) Die Klasse 5a hat doppelt so viele Jungen wie Mädchen. Stimmt diese Aussage?

e) Wie viele Mädchen besuchen insgesamt die 5. Jahrgangsstufe?

f) Die Klasse 5a hat halb so viele Mädchen wie die Klasse 5c. Stimmt diese Aussage?

24 Nun plant die Klasse 5a ihren Wandertag: Von den 19 Schülern wollen 7 ins Schwimmbad, 6 wollen ins Kino gehen und der Rest würde gerne in den Zoo fahren.
Zeichne passend ein Säulendiagramm!

25 Luigis Eisdiele: **Anzahl der verkauften Kugeln Eis**

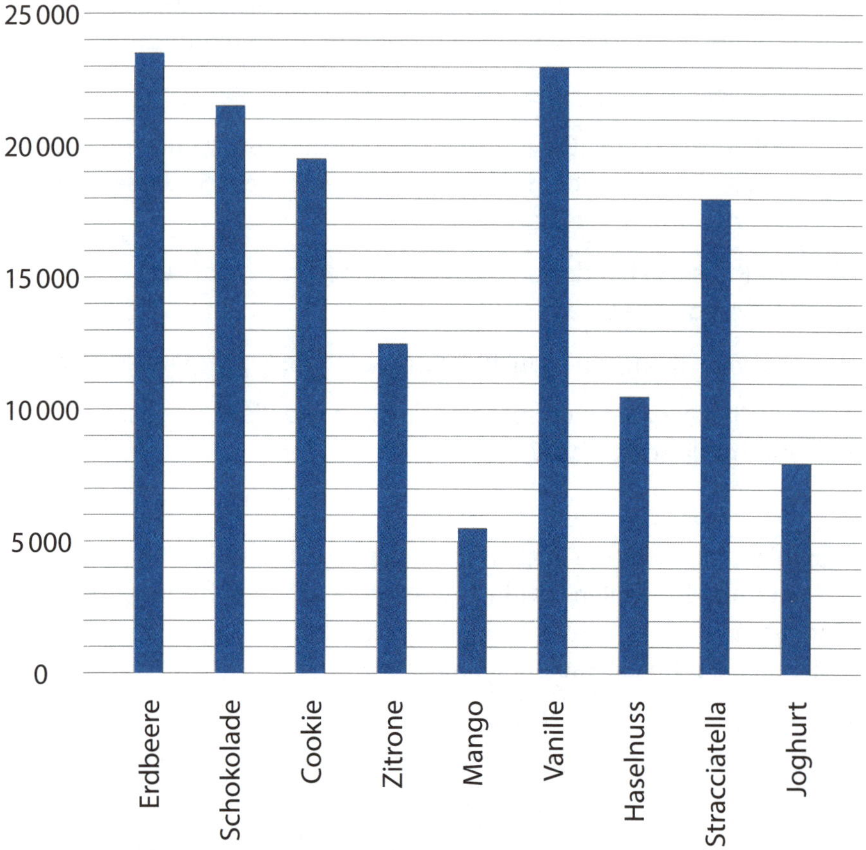

Luigi verkaufte letzte Saison in seiner Eisdiele von den einzelnen Sorten folgende Anzahl an Eiskugeln: 19 600, 12 300, 23 400, 5 500, 21 300, 23 000, 8 000, 18 000, 10 400.

a) Ordne die Zahlen der Größe nach! Beginne mit der kleinsten Zahl!

b) Schreibe die Zahlen jeweils auf die passende Säule im Diagramm.

Beschrifte dir die anderen Hilfslinien im Diagramm!

c) Luigi verkaufte noch weitere Sorten: 12 000 Kugeln Amarenaeis,
6 000 Kugeln Kokosnusseis, 10 000 Kugeln Apfeleis und
5 000 Kugeln Walnusseis.
Zeichne für ihn das Balkendiagramm fertig.

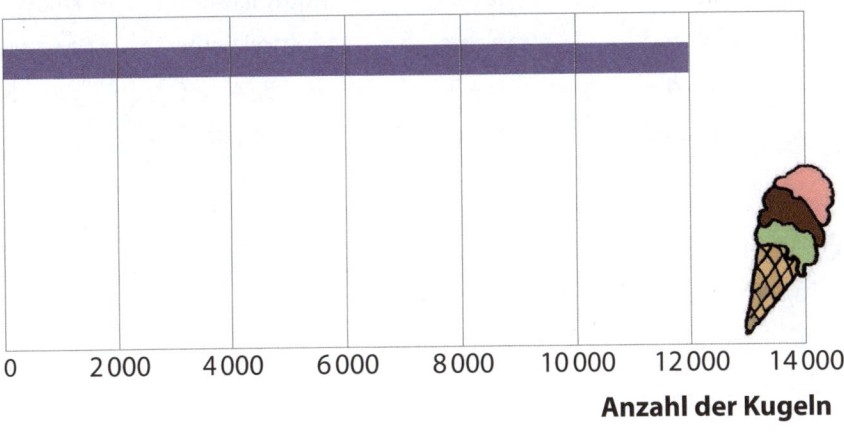

Anzahl der Kugeln

• Amarena   • Kokosnuss   • Apfel   • Walnuss

d) Im folgenden Jahr verkaufte er 9 971 Kugeln Himbeereis, 8 387 Kugeln
Haselnusseis, 8 649 Kugeln Joghurteis und 7 319 Kugeln Pistazieneis.

Die Balken zeigen auf Tausender gerundet die Anzahl der Kugeln.
Trage die Namen der Eissorten unten passend ein!

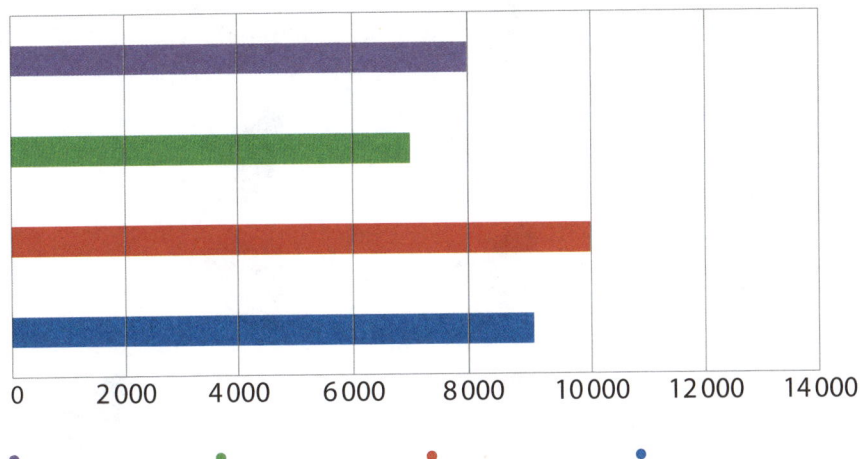

• _____   • _____   • _____   • _____

Grundrechenarten

+	–	·	:
Addition	Subtraktion	Multiplikation	Division
addieren	subtrahieren	multiplizieren	dividieren
3 + 4	6 – 3	5 · 4	25 : 5
Summe	Differenz	Produkt	Quotient

26 Rechne aus.

a)   Addiere 112 und 3.

b)   Subtrahiere von 183 die Zahl 95.

c)   Berechne den Quotienten aus 75 und 5.

d)   Das Produkt aus einer Zahl und 6 ist 42.

27 Löse folgendes Rätsel!

28 Löse folgende Rechenrätsel.

Hinter jeder Lösung steht ein Buchstabe. Diesen kannst du unten eintragen. Am Ende ergeben die Buchstaben ein Lösungswort!

1 Addiere die Zahlen 34 und 98.
- ○ 64   **B**
- ○ 132   **F**
- ○ 3 332   **O**

2 Berechne das Produkt aus 17 und 19.
- ○ 323   **E**
- ○ 36   **R**
- ○ 2   **A**

3 Subtrahiere 89 von 237.
- ○ 138   **G**
- ○ 148   **I**
- ○ 326   **S**

4 Berechne den Quotienten aus 333 und 9.
- ○ 2 997   **T**
- ○ 324   **I**
- ○ 37   **E**

5 Die Differenz aus 35 und einer Zahl ist 24.
Wie heißt die gesuchte Zahl?
- ○ 59   **D**
- ○ 11   **R**
- ○ 840   **A**

6 Addiere zur Summe der Zahlen 612 und 34 die Zahl 56.
- ○ 702   **T**
- ○ 634   **P**
- ○ 590   **F**

7 Subtrahiere vom Produkt der Zahlen 12 und 4 die Zahl 40.
- ○ 88   **H**
- ○ 2   **R**
- ○ 8   **A**

8 Dividiere die Differenz von 37 und 12 durch 5.
- ○ 5   **G**
- ○ 75   **F**
- ○ 9   **E**

1	**2**	**3**	**4**	**5**	**6**	**7**	**8**

Addition und Subtraktion

29 Für das Schulfest muss die 5. Jahrgangsstufe 327 Luftballons aufblasen. 129 wurden bereits aufgeblasen. Davon sind 14 leider weggeflogen. Wie viele fehlen noch?

30 Die Schulbuchbücherei hat 57 Mathebücher für die 5. Jahrgangsstufe. Die Klasse 5a hat 19 Schüler, die Klasse 5b 22 Schüler und die Klasse 5c 23 Schüler. Wie viele Bücher müssen nachbestellt werden, damit jeder Schüler eines bekommt?

31 Luigi verkaufte im September 4 321 Kugeln Schokoladeneis, 2 123 Kugeln Vanilleeis und 2 789 Kugeln Erdbeereis.

a) Wie viele Kugeln hat er von den drei Sorten insgesamt verkauft?

b) Wenn Luigi noch das Zitroneneis dazurechnet, hat er insgesamt 11 401 Kugeln verkauft. Wie viele Kugeln Zitroneneis verkaufte er?

c) Sein Vorrat bestand aus 5 000 Waffeln. Er verkaufte 3 249 Eis im Becher und 4 301 Eis in der Waffel.

Wie viele Waffeln hat er noch auf Vorrat?

Multiplikation und Division

32 Eren bekommt monatlich 8 Nachhilfestunden. Pro Nachhilfestunde müssen seine Eltern 13 € bezahlen.

   a) Wie viel Geld bezahlen seine Eltern monatlich für seinen Nachhilfeunterricht?

   b) Insgesamt geht Eren 9-mal im Jahr nicht in die Nachhilfe. Wie viel müssen seine Eltern jährlich für seinen Nachhilfeunterricht bezahlen?

33 Emma fährt von Montag bis Freitag mit dem Fahrrad zur Schule. Sie wohnt 5 km von der Schule entfernt. Fährt sie mehr als 30 km pro Woche mit dem Fahrrad zur Schule?

34 In einer Fabrik werden jeweils 12 Schokoladenadventskalender in einen Karton gepackt. 40 Kartons passen auf eine Palette. Zum Transport in die Supermärkte werden 15 Paletten auf einen LKW geladen.

   a) Wie viele Adventskalender passen auf eine Palette?

   b) Wie viele Adventskalender transportiert ein LKW?

   c) Ein Adventskalender wiegt 220 g.
      Wie viel wiegen alle Adventskalender im LKW?

35 In einer Stunde werden 279 Handys hergestellt. Es wird pro Tag in drei Schichten zu je 8 Stunden gearbeitet.

   a) Wie viele Handys werden pro Schicht hergestellt?

   b) Wie viele Handys werden in einer Woche gefertigt?

Eine Woche besteht aus 5 Arbeitstagen! Berechne zuerst, wie viele Handys an einem Tag hergestellt werden!

36 Ein Spielzeuggeschäft bekommt 32 Pakete Lego-Grundbausteine geliefert. Ein Paket wiegt 380 g, enthält Legosteine in 9 verschiedenen Farben und besteht insgesamt aus 650 Legosteinen.

a) Wie viel wiegt die ganze Lieferung?

Tipp: Unterstreiche die Infos dazu mit einem grünen Stift.

b) Louis behauptet, dass es insgesamt 20 600 Legosteine sind!

Hat er richtig gerechnet? Prüfe dies mit einer Rechnung!

Tipp: Unterstreiche die wichtigen Infos dazu mit einem roten Stift.

37 Frau Mayer betont, dass für den nächsten Test alle Vokabeln der Unit 4 sicher beherrscht werden müssen. Ben möchte jeden Tag gleich viele Vokabeln wiederholen. Die Unit 4 besteht aus 126 Vokabeln und er hat noch 7 Tage bis zum Test. Wie viele Wörter muss er täglich lernen?

38 Eren spart monatlich für eine Playstation 15 €. Er hat bis jetzt 120 € dafür gespart. Wie viele Monate hat er bereits gespart?

39 In jeder Gummibärchentüte befinden sich 95 Gummibärchen. Wie viele Tüten können mit 11 685 Gummibärchen befüllt werden?

40 Das Tierheim „Sonnenschein" hat zurzeit 34 Katzen und 19 Hunde. Außerdem leben dort noch Hamster, Mäuse und verschiedene Vögel. 7 Tierpfleger kümmern sich um die abgegebenen Tiere. Im Monat April verbrauchten die Katzen 1 020 Dosen Katzenfutter. Wie viele Dosen Katzenfutter frisst jede Katze pro Tag?

Tipp: Streiche überflüssige Informationen durch.

Gemischte Aufgaben

41 Die Klasse 5b verkauft beim Tag der offenen Tür der Schule Gummibärchen, um ihre Klassenkasse aufzubessern. Im Einkauf kosten 60 Riesenschlangen 12 € und 150 saure Regenbogen 7,50 €.

Tipp: Wandle Euro in Cent um! (1 Euro = 100 Cent)

a) Wie viel kostet eine Riesenschlange im Einkauf?

b) Wie viel kostet ein saurer Regenbogen im Einkauf?

c) Eine Schlange verkaufen sie für 30 Cent und einen sauren Regenbogen für 15 Cent. Wie viel Geld bleibt ihnen für die Klassenkasse übrig, wenn sie alles verkaufen?

d) Am Ende bleiben 2 Schlangen und 10 saure Regenbogen übrig. Wie viel Geld bleibt ihnen trotzdem für die Klassenkasse?

42 Löse folgendes Rätsel! Achte auf die Rechenzeichen.

 ·  = 10

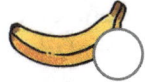 ·  = 25

 :  = 15

 :  = 4

 = ◯    = ◯    = ◯    = ◯

43 Der Elternbeirat verkauft beim Tag der offenen Tür der Schule Kuchen. Insgesamt haben sie 23 Kuchen, die jeweils in 12 Stücke geschnitten werden.

a) Wie viele Stücke Kuchen können sie insgesamt verkaufen?

b) Drei ganze Kuchen und vier Stücke bleiben übrig. Wie viele Stücke haben sie insgesamt verkauft?

Tipp: Rechne zuerst aus, wie viele Stücke insgesamt übrig bleiben!

44 Die 45 Schüler der Klassen 5a und 5b fahren zusammen ins Museum. Der Bus kostet insgesamt 225 €, der Eintritt ins Museum beträgt 3 € pro Schüler. Weitere Ausgaben gibt es nicht. Vorher hat die Lehrerin 10 € pro Kind eingesammelt.

a) Wie viel kosten die Busfahrt und der Eintritt ins Museum für alle Schüler zusammen?

 b) Wie viel bekommt jeder Schüler zurückerstattet?

45 Mia bringt an ihrem Geburtstag einen Korb voller Schokoriegel mit. Insgesamt hat sie drei verschiedene Sorten eingekauft: Zwei Packungen Schokoriegel mit Milchcremefüllung, in jeder Packung befinden sich 8 Stück. Zudem hat sie eine Tüte mit 18 Riegeln mit Erdnussfüllung gekauft. Und natürlich fünf Packungen ihrer Lieblingssorte weiße Schokolade mit Knusperfüllung, in welcher sich jeweils 4 Stück befinden.
Wie viele Schokoriegel bekommt jedes der insgesamt18 Kinder?

Tipp: Trage alle Informationen passend in die Tabelle ein. Sie hilft dir beim Rechnen.

Schokoriegel	... mit Milch-cremefüllung	... mit Erdnuss-füllung	... mit Knusper-füllung
Packungen/Tüten		1	
Riegel pro Packung			
Riegel insgesamt		$1 \cdot 18 = 18$	

46 Die Klasse 6a fährt von Montag bis Mittwoch ins Schullandheim nach Passau. Für die Übernachtung mit Vollpension fallen pro Übernachtung für alle Schüler zusammen 594 € an. Der Eintritt ins Schwimmbad beträgt für alle Schüler zusammen 66 €, die 3-Flüsse-Schifffahrt kostet pro Kind 5 €. Der Eintritt ins Römermuseum Kastell Boiotro kostet insgesamt 44 €. Wie viel muss jeder der 22 Schüler für das Schullandheim bezahlen?

Tipp: Berechne zuerst die gesamten Kosten für alle Schüler! Denke an die Tipps vor Aufg. **3**.

47 Simon fährt mit seiner Familie zum dritten Mal für eine Woche in den Urlaub in den 918 km entfernten Badeort in Italien. Er hat 5 Geschwister. Für Autobahngebühren bezahlen sie 85 €. Sie tanken zweimal und bezahlen insgesamt 123,86 €. Die Ferienwohnung kostet pro Tag 79 €. Fürs Essen geben sie insgesamt 104,89 € aus. Wie viel geben sie für die Woche Familienurlaub aus?

Tipp: Streiche die unnötigen Angaben durch!

48 Kreuzzahlenrätsel: Rechne und trage die Ergebnisse ein. Wichtig: In jedes Kästchen gehört immer nur eine Ziffer. Sieh dir das Beispiel an.

	11 · 8	8 · 8			999 + 999	673 − 255	3299 + 900		890 − 699	186 + 113	801 − 712
389 + 471	8	6	0	12 · 12				512 : 4			
1172 − 326								111 · 9			
	56 : 8	72 : 8	31 · 2	878 + 111							144 : 12
922 − 126					810 : 9				72 : 8	56 : 7	
		50 : 2		36 : 6		9767 + 215					

Koordinatensystem

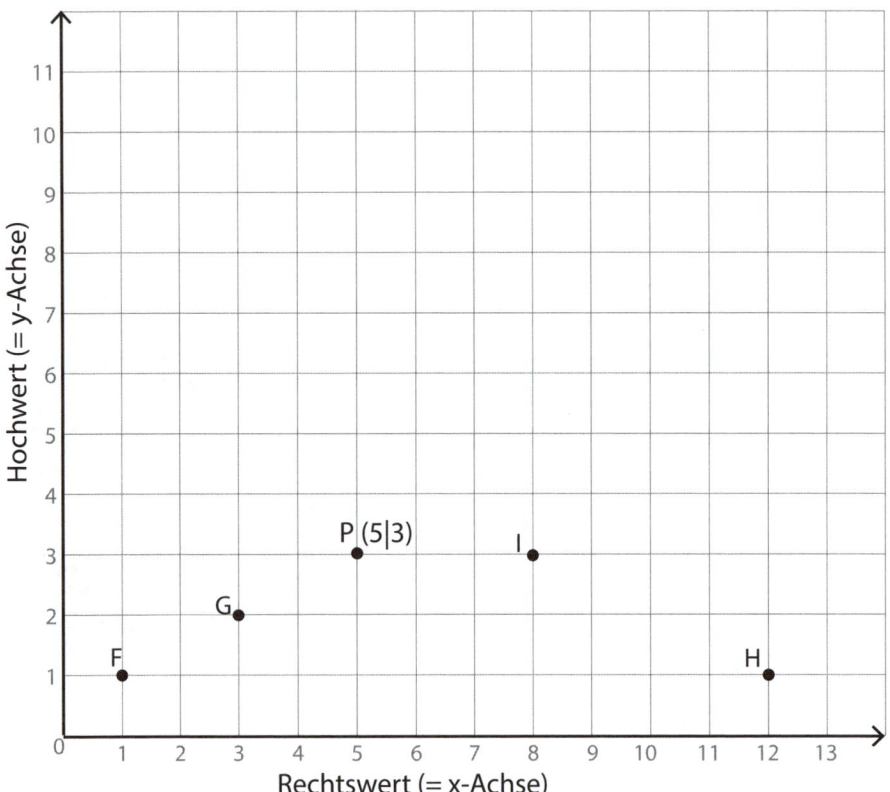

Punkt P (**5**|**3**)

Die erste Koordinate gibt an, wie weit man auf der x -Achse (Rechtswertachse) zählen muss (im Beispiel 5 Schritte).

Die zweite Koordinate gibt an, wie weit man auf der y- Achse (Hochwertachse) zählen muss (im Beispiel 3 Schritte).

Der Ursprung (Nullpunkt) bezeichnet den Punkt, in welchem sich die x-Achse mit der y-Achse schneidet: N (**0**|**0**).

Merktipp: Zuerst kommt die **x-Koordinate**, dann die **y-Koordinate**: Ein Flugzeug muss **erst Fahrt aufnehmen**, dann kann es **in die Höhe steigen**.

49 Gib die Koordinaten der Punkte des Koordinatensystems an: F, G, H und I.

50 Zeichne folgende Punkte noch in das Koordinatensystem auf der linken Seite ein: A (7|6), B (5|8), C (3|6)! Verbinde die Punkte A-B-C-P-A!

Welche geometrische Figur ist entstanden?

51 Kreuze nur richtige Aussagen an!

a) ◯ Die erste Koordinate gibt den y-Wert an und die zweite den x-Wert.

b) ◯ Die Rechtswertachse ist immer die y-Achse.

c) ◯ Die Achsen kann ich mit beliebigen Buchstaben benennen.

d) ◯ Die Zahlen der Koordinaten kann ich vertauschen.

e) ◯ Die erste Koordinate gibt den x-Wert an und die zweite den y-Wert.

f) ◯ Die Rechtswertachse ist immer die x-Achse.

52 Löse folgendes Rätsel:

Tim und Leonie haben sich für ihre Klasse folgendes Rätsel einfallen lassen: Gehe vom Ursprung 5 Schritte nach rechts und 4 nach oben, dann bist du bei der 1. Station. Von dort aus gehst du 2 Schritte nach rechts und 3 nach oben, dann gelangst du zur 2. Station. Abschließend gehst du 6 Schritte nach links und einen Schritt nach oben.

Wo landest du? Gib die Koordinaten an!

53 Es soll ein Rechteck mit den folgenden Eckpunkten entstehen, aber einige Angaben fehlen. Ergänze die Lücken in den Koordinaten und zeichne die Punkte und das Rechteck links in das Koordinatensystem ein.

W (10|10), X (13|____), Y (13|3), Z (____|____)

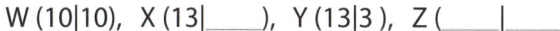

Terme und Gleichungen – Terme

Unter einem **Term** verstehen wir in der Mathematik sinnvolle Ausdrücke aus Ziffern, Platzhaltern (= Variablen), Klammern und Rechenzeichen, z. B. $21 - 6$; $34 : 2$; $345 - (36 : 3)$.

Wichtige mathematische Regel für lange Rechnungen:

Die **Klammer** sagt: „**Zuerst komme ich** und weiter gilt dann **Punkt** vor **Strich** und was noch nicht zum Rechnen dran, das schreib' ich **unverändert** an!"

$1 + 9 : 3 + \underbrace{(4 + 13)}$ **Klammer wird zuerst berechnet!**

$= 1 + \underbrace{9 : 3} + \quad 17$ **Punktrechnung**

$= \underbrace{1 + \quad 3 \; + \; 17}$ **Strichrechnung**

$= \qquad 21$

54 Berechne. Denke an die richtige Reihenfolge: Klammer vor Punkt vor Strich.

a) $12 - 8 : 2 =$ _____

b) $3 \cdot (5 + 7) =$ _____

c) $9 \cdot 2 - 2 + 9 =$ _____

d) $(78 - 3 \cdot 4) : 2 =$ _____

e) $25 - 9 : 3 + (3 - 3) =$ _____

Zur Erinnerung:

+ addieren, vermehren, hinzufügen, dazuzählen, Summe bilden, summieren ...

− subtrahieren, abziehen, verringern, vermindern, Differenz bilden ...

· multiplizieren, vervielfachen, malnehmen, Produkt bilden ...

: dividieren, teilen, aufteilen, verteilen, Quotienten bilden ...

55 Bilde jeweils einen Term und berechne diesen! Welche Zahl ist gesucht? Begriffe findest du nach Aufgabe **54** erklärt.

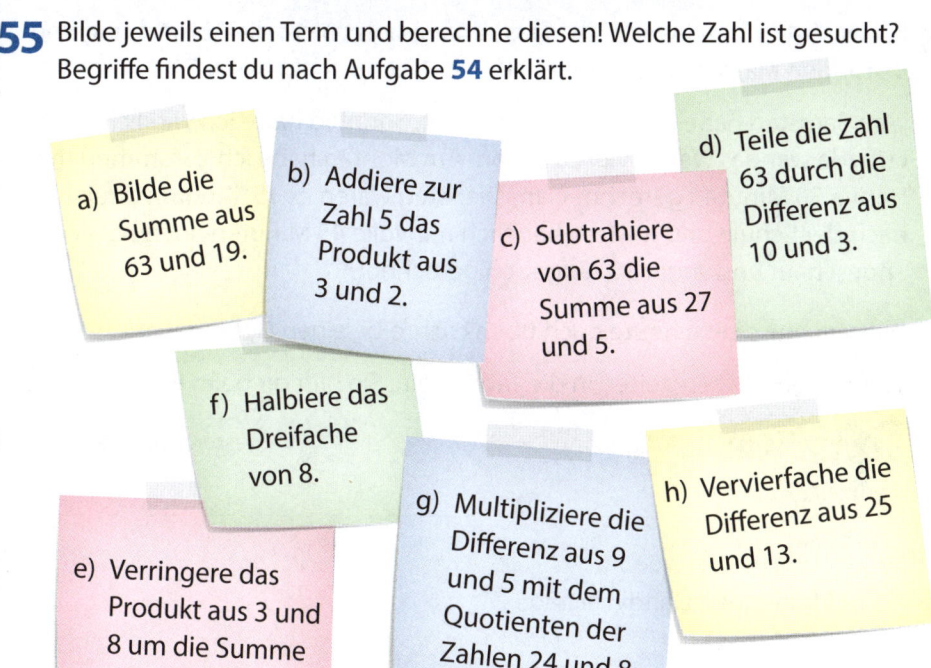

a) Bilde die Summe aus 63 und 19.

b) Addiere zur Zahl 5 das Produkt aus 3 und 2.

c) Subtrahiere von 63 die Summe aus 27 und 5.

d) Teile die Zahl 63 durch die Differenz aus 10 und 3.

f) Halbiere das Dreifache von 8.

h) Vervierfache die Differenz aus 25 und 13.

g) Multipliziere die Differenz aus 9 und 5 mit dem Quotienten der Zahlen 24 und 8.

e) Verringere das Produkt aus 3 und 8 um die Summe aus 13 und 9.

In diesem Kapitel sollst du alle Teile einer Aufgabe mit einem Gesamt-term (= Gesamtansatz) lösen: Schreibe also alles in eine Rechnung.

56 In der Spardose von Aylin sind 46 €. Am 1. 4. bekommt sie 13 € Taschen-geld, am 13. 4. holt sie sich 8 € für einen Kinobesuch heraus. Am 26. 4. führt sie den Hund der Nachbarin aus und bekommt dafür 3 €. Wie viel Geld ist am Ende dieses Monats in der Spardose?

57 Felix geht an seinem Geburtstag mit seiner Oma in ein Kaufhaus und darf sich seine Geburtstagsgeschenke für 50 € selbst aussuchen. Er entscheidet sich für ein Computerspiel für 14,99 €, ein Abenteuerbuch für 8,99 € und einen neuen Basketball für 14,95 €. Felix sagt: „Vielen Dank, Oma. Den Rest möchte ich gerne sparen!"
Wie viel Geld bleibt Felix noch zum Sparen übrig?

58 Lenas Mutter beschwert sich, dass Lena bis jetzt nicht die Abmachung von 3 Stunden Mathelernzeit eingehalten hat. Lena denkt nach:

„Am Samstag habe ich 20 Minuten geübt. Sonntag hatte ich wirklich keine Lust, da war das Wetter viel zu schön. Am Montag habe ich zusammen mit Hanna 30 Minuten gerechnet, am Dienstag waren es 15 Minuten direkt nach der Schule und gestern habe ich mir volle 45 Minuten nochmal alles angeschaut und sogar 10 Aufgaben gerechnet."

Wie viel muss Lena heute noch üben? Schreibe einen Gesamtterm.

Tipp: Trage alle Lernzeiten in die Tabelle ein. Sie hilft dir beim Rechnen.

Tage	Sa	So	Mo	Di	gestern	heute
Lernzeit						**?**

59 Pia hat folgenden Handyvertrag:

> 7 Cent pro Minute in alle Netze und aufs Festnetz
>
> 7 Cent pro SMS
>
> 9 Cent pro SMS aus dem Ausland
>
> 10 € für die Internetflatrate pro Monat

Im Mai hat sie insgesamt 38 Minuten mit Antonio telefoniert, 14 Minuten mit ihrem Papa und 69 Minuten mit ihrer besten Freundin Marie. An einem Wochenende war sie in Straßburg in Frankreich, dort verschickte sie 5 SMS. Zudem hat sie eine Internetflatrate, aber sie hat das Internet ihres Handys in Straßburg nicht genutzt.

Wie hoch war ihre Handyrechnung im Monat Mai?

60 Welche Aufgabenstellungen passen zum Term? Kreuze alle richtigen an.

a) **29 – 3 · 8**

◯ Addiere zu der Differenz aus 3 und 8 die Zahl 29.

◯ Subtrahiere von 29 den Quotienten der Zahlen 3 und 8.

◯ Subtrahiere von der Zahl 29 das Produkt aus 3 und 8.

b) **(111 + 3 · 3) : 2**

◯ Addiere zu der Zahl 111 das Produkt aus 3 und 3 und halbiere das Ergebnis.

◯ Vermehre die Zahl 111 um das Produkt aus 3 und 3 und subtrahiere vom Ergebnis 2.

◯ Addiere zu der Zahl 111 das Produkt aus 3 und 3 und dividiere das Ergebnis durch die Zahl 2.

Variablen

Variablen sind Platzhalter. Du kennst sie bereits aus der Grundschule. Dort haben sie meistens so ausgesehen: ☐ , ?, _____ usw.
Jetzt tauchst du immer mehr in die Welt der Mathematik ein und deshalb schreibst du jetzt Buchstaben: a, b, c . . . x, y, z.
Findest du in einer Aufgabe mehrmals die gleiche Variable (wie z. B. das x), dann steht diese innerhalb dieser Aufgabe für die gleiche Zahl.

Beispiel:
Vermehre eine Zahl um 7:
$x + 7$

61 Stelle folgende Terme schriftlich mit einer Variablen auf! Verwende als Variable einen Buchstaben.

a) Dividiere eine Zahl durch 9.

b) Vermindere das Produkt aus 27 und 39 um eine Zahl.

c) Subtrahiere eine Zahl vom Produkt aus 17 und 4.

d) Addiere die Differenz aus 59 und 37 zu einer Zahl.

Gleichungen

Eine **Gleichung** besteht aus zwei Termen, welche durch ein Gleichheitszeichen (=) miteinander verbunden sind.
Der Term auf der linken und der Term auf der rechten Seite haben den gleichen Wert.

Alex und Johanna sind zusammen 314 cm groß. Alex ist 162 cm. Wie groß ist Johanna?

Johanna = **x**

$$162 \text{ cm} + x = 314 \text{ cm} \qquad | - 162 \text{cm}$$
$$x = 314 \text{ cm} - 162 \text{ cm}$$
$$x = \textbf{152 cm}$$

Antwort: Johanna ist **152 cm** groß.

62 Stelle folgende Gleichungen schriftlich mit einer Variablen auf! Skizzen helfen dir! Schreibe jeweils **eine** Rechnung/Gleichung (= Gesamtansatz).

a) In 6 Jahren bin ich 18. Wie alt bin ich jetzt?

b) Wenn meine Tante 10 Jahre jünger wäre, wäre sie doppelt so alt wie ich. Ich bin 20 Jahre alt. Wie alt ist meine Tante?

c) Wenn ich 13 cm größer wäre, wäre ich so groß wie meine kleine Schwester (62 cm) und mein Bruder (89 cm) zusammen.

d) Zweimal die gesuchte Zahl ist so groß wie das Produkt aus 27 und 12.

e) Mein Papa ist 42 Jahre alt. Meine Schwester ist halb so alt wie mein Papa, meine Mama ist drei Jahre älter als mein Papa. Insgesamt ist unsere Familie 119 Jahre alt. Wie alt bin ich? Die Bilder helfen dir.

| Papa | Schwester | Mama | ich |

_____ + (___ : ___) + (___ + ___) + _____ = _____

63 Elias kauft sich 3 neue Computerspiele. Alle Spiele kosten gleich viel. Nach Abzug eines Gutscheines über 20 Euro bezahlt er noch 34 Euro. Was kostet ein Computerspiel? Kreuze die passende Gleichung an und berechne sie.

○ $3 \cdot x + 20 = 34$

○ $x : 3 + 20 = 34$

○ $3 \cdot x - 20 = 34$

○ $3 \cdot x + 34 = 20$

64 Zu welchen zwei Aussagen passt die folgende Gleichung? Kreuze an.

$x + 12 = 98 : 2$

○ Meine gesuchte Zahl ist um 12 größer als die Hälfte von 98.

○ Wenn ich zu meiner Zahl 12 addiere, erhalte ich die Hälfte von 98.

○ Wenn ich 98 durch zwei teile und zwölf addiere, erhalte ich meine Zahl.

○ Wenn ich 12 Euro weniger gespart hätte, hätte ich halb so viel Geld wie mein Bruder, der 98 € gespart hat.

○ In 12 Jahren bin ich halb so alt, wie meine Oma jetzt ist. Oma ist jetzt 98 Jahre alt.

65 Maria sagt zu ihrer Oma: „Meine Freundin Emma ist viermal so alt wie unsere Katze. Meine Schwester Ida ist genauso alt wie unsere Katze und Emma zusammen. Ida ist fünfzehn Jahre alt. Wie alt ist unsere Katze?"

Omas rechnet so:

Katze: x   Emma: 4 · x   Ida: 15

$$4 \cdot x - x = 15$$
$$3 \cdot x \quad = 15 \quad | : 3$$
$$x \quad = 5$$

Omas Antwort: **Die Katze ist 5 Jahre alt!**

Omas Rechnung stimmt nicht. Finde den Fehler und berechne richtig.

Schreibe jede Rechnung der nächsten Aufgaben als eine Gleichung mit einer Variablen.

66 Pia kauft für ihre Grillparty Lampions für 24 €. An der Kasse entdeckt sie Packungen mit Luftballons. Davon nimmt sie noch drei mit. Insgesamt bezahlt sie 30 €.
Was kostet eine Packung Luftballons?

67 Das letzte Basketballspiel der Bundesliga war mit 12 500 Tickets ausverkauft. Es wurden 6 000 Sitzplatzkarten regulär und 2 000 Sitzplatzkarten ermäßigt verkauft.

Sitzplatz: 40 € **Stehplatz: 12 €**
Ermäßigte Sitzplätze (Schüler, Studenten, Rentner): 20 €

a) Wie viele Stehplatzkarten wurden bei diesem Spiel verkauft?

b) Wie viel wurde durch die Eintrittsgelder eingenommen?

68 Finn hilft in den Ferien seinen Großeltern auf dem Bauernhof. Sie verkaufen ihre Produkte im eigenen Hofladen. Finn ist für den Verkauf der Erdbeeren verantwortlich. Mittags hat er bereits 42 kg verkauft, 70 kg sind übrig.
Schreibe auch hier jeweils eine Gleichung mit einer Variablen.

a) Wie viel kg Erdbeeren hatte Finn am Morgen für den Verkauf?

b) In seiner Kasse hatte er am Abend 368 €. Ein Kilogramm Erdbeeren kostet 4 €. Wie viel kg hat er verkauft?

c) Am nächsten Tag können die übrigen Erdbeeren nicht mehr verkauft werden. Wie viel hätten seine Großeltern damit verdienen können?

Textaufgaben
Mittel-/Hauptschule 5. Klasse

1 Tipps zum Rechnen: Einmaleins mit vielen Nullen!

$70 \cdot 400 =$ Rechne **ohne** End-Nullen: $7 \cdot 4 = 28$

Jetzt hänge **alle Nullen** an das Ergebnis: $70 \cdot 400 = 28\,000$

$400\,000 : 1\,000 =$

Streiche bei beiden Zahlen

gleich viele End-Nullen weg: $400\,\emptyset\emptyset\emptyset : 1\,\emptyset\emptyset\emptyset = 400$

Du erhältst das **gleiche** Ergebnis: $400 : 1 = 400$

·	3	6	5	9	7	60	400
9	**27**	**54**	**45**	**81**	**63**	**540**	**3 600**
8	**24**	**48**	**40**	**72**	**56**	**480**	**3 200**
70	**210**	**420**	**350**	**630**	**490**	**4 200**	**28 000**

:	100	2 000	500	1 000
30 000	**300**	**15**	**60**	**30**
400 000	**4 000**	**200**	**800**	400
2 000	**20**	**1**	**4**	**2**

2

```
   1 9 7          2 9 7          3 7 2          3 1 8
 + 3 2 6        + 3 2 2        - 1 1 3        - 1 1 2
     1 1            1
   5 2 3          6 1 9          2 5 9          2 0 6
```

```
 4 8 · 6 9      1 7 · 4        1 3 · 2 6      3 9 · 1 7
   2 8 8          4 6 8          2 6            3 9
     4 3 2                       7 8            2 7 3
   3 3 1 2                       3 3 8          6 6 3
```

```
 1 4 4 : 8 = 1 8        2 3 4 9 : 9 = 2 6 1
 -   8                  - 1 8
     6 4                    5 4
   - 6 4                  - 5 4
       0                    0 9
                          -   9
                              0
```

3 R: $15 - 7 + 9 = 17$

A: Sie kann nun **17 Vögel** beobachten.

4 R: 7 · 5 = 35 (Er kauft 7 Packungen. In einer Packung sind 5 Sticker.)
120 + 35 = **155**

A: Ben hat jetzt **155 Sticker**.

5 R: 15 : 5 = 3 (15 Kugeln werden auf 5 Kinder gleichmäßig verteilt.)
3 · 80 ct = **240 ct** (= **2,40 €**)

A: Pro Enkelkind bezahlt sie **240 ct** (**2,40 €**).

6 R: 5 · 1,50 € = **7,50 € oder:** 1,50 € + 1,50 € + 1,50 € +1,50 € + 1,50 € = **7,50 €**

A: Die 5 Tafeln Schokolade kosten **7,50 €**.

7 R: 89 · 3 = **267**

A: Es müssen **267 Bratwürste** gekauft werden.

8 R: Leonie: **5 €**;
Zweijähriger Bruder: **0 €** (Kinder unter 4 J. bezahlen keinen Eintritt.);
Eltern: **13 € + 13 €** (2 Personen); Oma: **6,50 €**
⟶ 5 € + 0 € + 13 € + 13 € + 6,50 € = **37,50 €**

A: Sie müssen insgesamt **37,50 €** bezahlen.

9 R: 11 (insgesamt Anzahl der Welpen) – 5 (Anzahl der Weibchen) = **6** (Anzahl der Männchen)

6 – 4 (Anzahl der bereits vergebenen Männchen) = **2**

A: Es sind noch **2 Männchen** übrig.

10

Kinder, die heute da sind | kranke Kinder

Jungen

R: 25 – 3 = **22** (Kinder, die heute da sind)
22 : 2 = **11** (Da gleich viele Jungen wie Mädchen in der Klasse sind, musst du durch 2 teilen.)

A: Es sind heute **11 Jungen** in der Klasse.

11

	B	HMrd	ZMrd	Mrd	HM	ZM	M	HT	ZT	T	H	Z	E
a)							1	0	0	0	0	0	0
b)					1	0	0	0	0	0	0	0	0
c)				6	0	0	0	0	0	0	0	0	0
d)							3	4	2	8	3	9	4
e)	1	0	0	0	3	0	4	0	2	7	9	0	7

12 55 000 000

13 R: 3 HM = 300 Millionen = 300 000 000
   4 ZM = 40 Millionen = 40 000 000
   $\longrightarrow$ 300 000 000 + 40 000 000 = **340 000 000**
A: Sie hat **340 000 000 €** gekostet.

14
4 Hamburg: 1799000 = 1.799.000
5 Berlin: 3 M 5 HT = **3.500.000**
1 Zürich: dreihundertachtundsiebzigtausendachthundertvierund-
achtzig = **378.884**
3 Wien: 1 M 7 HT 4 ZT 1 T = **1.741.000**
2 München: eine Million vierhunderttausend = **1.400.000**

15 **fünf Billionen dreiundvierzig Milliarden vierzig Millionen sieben-
hundertneuntausendeinhundertvier**

16 Tipp: Gliedere die Zahl von hinten beginnend mit Punkten
in **Dreierpäckchen**. So kannst du sie leichter lesen:

608345678654 = 608.345.678.654
a) 6 HMrd 8 ZMrd 3 HM 4 ZM 5 M 6 HT 7 ZT 8 T 6 H 5 Z 4 E
   6**80** 345 678 654 $\longrightarrow$ **falsche Lösung**

b) 6 HMrd 0 ZMrd 8 Mrd 3 HM 4 ZM 5 M 6 HT 7 ZT 8 T 6 H 4 E
   608 345 678 **60**4 $\longrightarrow$ **falsche Lösung**

c) 6 HMrd 8 Mrd 3 HM 4 ZM 5 M 6 HT 7 ZT 8 T 6 H 5 Z 4 E

17 Die grün markierte Stelle gibt die Zahl an, die du jeweils bei den Rundungsaufgaben betrachten musst, um zu entscheiden, ob du auf- oder abrunden musst.

a) Runde auf Zehner: 12**3** ≈ **120**; 5 21**7** ≈ **5 220**; 63**9** ≈ **640**

b) Runde auf Hunderter: 1**2**1 ≈ **100**; 3**7**9 ≈ **400**; 1 9**8**0 ≈ **2 000**
    (Ich runde auf: Ich muss zu 1 900 einen weiteren Hunderter ergänzen. Ich runde hier auf 2 000.)

c) Runde auf Tausender: 23 **4**38 ≈ **23 000**; 67 **8**99 ≈ **68 000**

d) Runde auf Millionen: 1 **0**99 999 ≈ **1 000 000**;
    82 **9**87 532 ≈ **83 000 000**

18   294 ≈ 2**9**0   167 891 ≈ 16**8** 000   498 789 ≈ 49**9** 000

19 Schweinshaxen: 69 **2**94 ≈ **69 000**
Halbe Hendl: 1 040 **2**32 ≈ **1 040 000**
Paar Schweinswürstel: 149 **7**78 ≈ **150 000**

20 a) R: **254 ≈ 250; 255 ≈ 260**
        Bei 255 wird auf 260 aufgerundet, bei 254 wird noch auf 250 abgerundet.
    A: Es sind maximal **254 Kinder** damit gefahren.

b) R: **75 ≈ 80; 74 ≈ 70**
        Bei 74 wird auf 70 abgerundet, bei 75 wird auf 80 aufgerundet.
    A: Es sind mindestens **75 Erwachsene** damit gefahren.

21 a) R: Mindestens: **250 ≈ 300** (250 ist die kleinste Zahl, die noch auf 300 aufgerundet werden kann.)
        Höchstens: **349 ≈ 300** (349 ist die größte Zahl, die noch auf 300 abgerundet werden kann.)
    A: Es wurden mindestens **250** und höchstens **349 Zuckerwatten** verkauft.

👑 b) R: Mindestens: **950 ≈ 1 000**
Höchstens: **1 049 ≈ 1 000**

A: Also wurden mindestens **950** und höchstens **1 049 Zuckerwatten** verkauft.

22 👑 R: Mindestens: **350 000 000 € ≈ 400 000 000 €**
Höchstens: **449 999 999 € ≈ 400 000 000 €**

A: Es wurden mindestens **350 000 000 €** ausgegeben und höchstens **449 999 999 €**.

23 a) R: Säulendiagramm: **21 Schüler (5c)**
Balkendiagramm: **21 Schüler (5c)**

A: Diese **Aussage stimmt nicht**. In beiden Diagrammen hat die Klasse 5c 21 Schüler.

b) A: In die Klasse 5b gehen **10 Jungen**.

c) R: Klasse 5a: 19 Schüler   Klasse 5a: 7 Mädchen
Klasse 5b: 22 Schüler   Klasse 5b: 12 Mädchen
Klasse 5c: 21 Schüler   Klasse 5c: 10 Mädchen
⟶ 19 **< 22 >** 21   ⟶ 7 **< 12 >** 10

A: Die Klasse 5b hat die **meisten Schüler der 5. Jahrgangsstufe**.   Die Klasse 5b hat die **meisten Mädchen der 5. Jahrgangsstufe**.

⟶ **Beide Aussagen stimmen.**

d) R: Jungen: 12   Mädchen: 7
⟶ 12 ist nicht das Doppelte von 7.

A: Diese **Aussage stimmt nicht**.

e) R: 7 (Klasse 5a) + 12 (Klasse 5b) + 10 (Klasse 5c) = **29**

A: Es besuchen **29 Mädchen** die 5. Jahrgangsstufe.

f) R: Mädchen Klasse 5c: 10 ⟶ die Hälfte davon: 5 und nicht 7!

A: Diese **Aussage stimmt nicht**.

24 R: Zoo: 19 − 7 − 6 = **6**

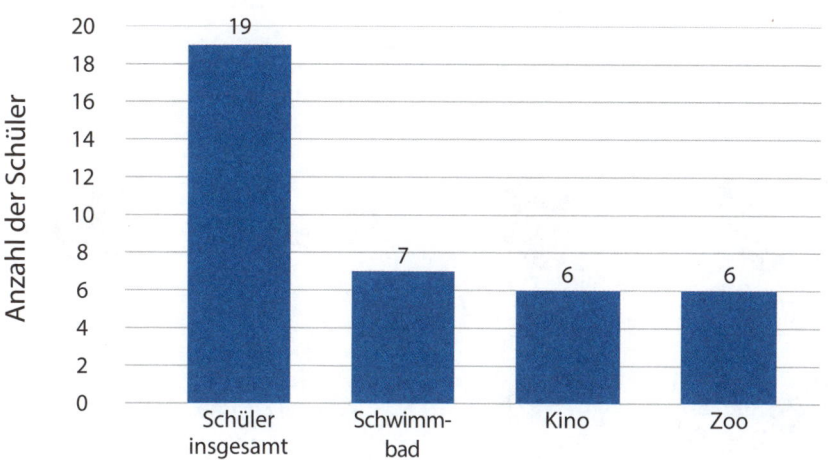

25 a) 5 500 < 8 000 < 10 400 < 12 300 <18 000 < 19 600 < 21 300
< 23 000 < 23 400

b) Erdbeere: **23 400** Vanille: **23 000**
Schokolade: **21 300** Haselnuss: **10 400**
Cookie: **19 600** Stracciatella: **18 000**
Zitrone: **12 300** Joghurt: **8 000**
Mango: **5 500**

c)

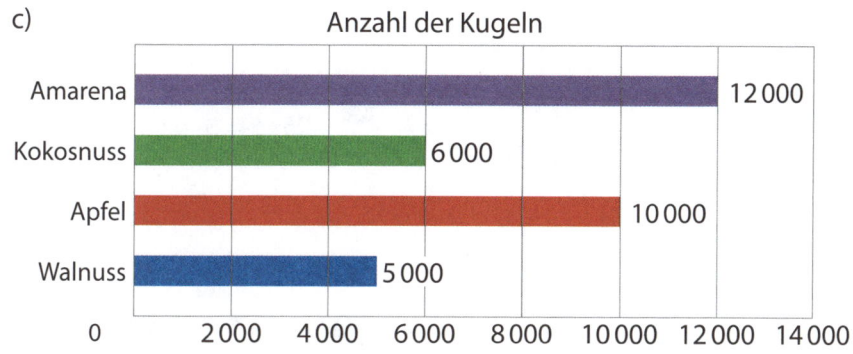

d) • **Haselnuss** • **Pistazie** • **Himbeere** • **Joghurt**

26 a) $112 + 3 = \mathbf{115}$
        b) $183 - 95 = \mathbf{88}$

c) $75 : 5 = \mathbf{15}$
    $\underline{-\ 5}$
    $\ \ 25$
    $\underline{-\ 25}$
    $\ \ \ \ 0$

d) $\mathbf{?} \cdot 6 = 42$
    $\mathbf{7} \cdot 6 = 42$

27

 $= \mathbf{11}$  $= \mathbf{7}$ 🍌 $= \mathbf{9}$ 🍎 $= \mathbf{2}$

28

1 34
       $\underline{+\ 98}$
       $\mathbf{132}$ $\longrightarrow$ **F**

2 $\underline{17 \cdot 19}$
       17
       $\underline{\ \ 153}$
       $\mathbf{323}$ $\longrightarrow$ **E**

3 237
       $\underline{-\ \ 89}$
       $\mathbf{148}$ $\longrightarrow$ **I**

4 $333 : 9 = \mathbf{37}$ $\longrightarrow$ **E**
       $\underline{-\ 27}$
       $\ \ 63$
       $\underline{-\ 63}$
       $\ \ \ 0$

5 $35 - \mathbf{?}\ \ = 24$ $\longrightarrow$ **R**
       $35 - \mathbf{11} = 24$

6 612
       34
       $\underline{+\ 56}$
       $\mathbf{702}$ $\longrightarrow$ **T**

7 $\underline{12 \cdot 4}$
       48 $\longrightarrow$ **A**
       $48 - 40 = \mathbf{8}$

8 $37 - 12 = 25$ $\longrightarrow$ **G**
       $25 : 5 = \mathbf{5}$

F	E	I	E	R	T	A	G
1	**2**	**3**	**4**	**5**	**6**	**7**	**8**

29 R: 327 − 129 + 14 = **212**

oder: 129   327

       − 14   − 115

       115 (fertige Luftballons, die noch da sind)   **212**

A: Es fehlen noch **212 Luftballons**.

30 R: 19 (Schüler 5a)   64 (benötigte Bücher)

      22 (Schüler 5b)   − 57 (vorhandene Bücher)

   + 23 (Schüler 5c)   7 (müssen bestellt werden)

    64 (Schüler insgesamt)

A: Es müssen **7 Mathebücher** nachbestellt werden.

31 a) R: 4 321 + 2 123 + 2 789 = **9 233**

A: Insgesamt hat er von den drei Sorten **9 233 Kugeln** verkauft.

b) R: 11 401 − 9 233 = **2 168**

A: Er hat **2 168 Kugeln Zitroneneis** verkauft.

c) Die Kugeln Eis, die im Becher verkauft werden, ist **nicht** wichtig.

R: 5 000 − 4 301 = **699**

A: Er hat noch **699 Waffeln**.

32 a) R: 13 € · 8 = **104 €**

A: Monatlich bezahlen sie **104 Euro**.

b) R: Ein Jahr besteht aus 12 Monaten.

⟶ 104 € · 12 (Monate) = **1 248 €** (jährliche Kosten **ohne** ausgefallene Stunden)

9-mal geht Eren im Jahr nicht in die Nachhilfe:

⟶ 13 € · 9 = **117 €** (nicht entstandene Kosten)

⟶ 1 248 − 117 € = **1 131 €**

A: Im Jahr bezahlen Erens Eltern **1 131 Euro**.

33 R: Pro Tag fährt Emma **10 km** (**Hinweg 5 km** + **Rückweg 5 km**).

5 Tage hat eine Schulwoche. ⟶ 5 · 10 km = **50 km**

A: **Ja**, Emma fährt **mehr als 30 km** pro Woche in die Schule.

34 a) R: $\underline{12 \cdot 40}$
            480

A: Auf eine Palette passen **480 Adventskalender**.

b) R: (siehe Aufgabe **34**a)) $\underline{480 \cdot 15}$
                                      480
                                     $\underline{2400}$
                                      7200

A: In einen LKW passen **7 200 Adventskalender**.

c) R: (siehe Aufgabe **34**b)) $7\,200 \cdot 220\,g = \mathbf{1\,584\,000\,g}$

A: Die Adventskalender wiegen **1 584 000 g**
    (= 1 584 kg = 1,584 t).

35 a) R: $279 \cdot 8 = \mathbf{2\,232}$

A: In einer Schicht werden **2 232 Handys** hergestellt.

b) R: pro Tag: $2\,232 \cdot 3 = \mathbf{6\,696}$
        pro Woche: $6\,696 \cdot 5 = \mathbf{33\,480}$

A: In einer Woche werden **33 480 Handys** hergestellt.

36 Ein Spielzeuggeschäft bekommt 32 Pakete Lego-Grundbausteine geliefert. Ein Paket wiegt 380 g, enthält Legosteine in 9 verschiedenen Farben und besteht insgesamt aus 650 Legosteinen.

a) R: $380\,g \cdot 32 = \mathbf{12\,160\,g}$

A: Die ganze Lieferung wiegt **12 160 g**.

b) R: $650 \cdot 32 = \mathbf{20\,800}$

A: Louis hat sich **verrechnet**. Es sind **20 800 Legosteine**.

37 R: $126 : 7 = \mathbf{18}$

A: Ben muss täglich **18 Vokabeln** lernen.

38 R: $120\,€ : 15\,€ = \mathbf{8}$

A: Eren hat bereits **8 Monate** gespart.

39 R: $11685 : 95 = \textbf{123}$

$$\begin{array}{r} -95 \\ \hline 218 \\ -190 \\ \hline 285 \\ -285 \\ \hline 0 \end{array}$$

A: Es können **123 Tüten** befüllt werden.

40 R: Der Monat April hat **30 Tage**.

1 020 (Dosen) : 30 (Tage im April) = **34** (Dosen am Tag)

Rechne so: 102 : 3 = **34**

End-Nullen kannst du zum Rechnen streichen: 1 02∅ : 3∅ = 102 : 3

34 (Dosen am Tag) : 34 (Katzen) = **1** (Dose für jede Katze am Tag)

A: Pro Tag frisst jede Katze **1 Dose Katzenfutter**.

41 a) R: 12 € = **1 200 ct**

1 200 ct : 60 = **20 ct**

A: Eine Riesenschlange kostet **20 ct** im Einkauf.

b) R: 7,50 € = **750 ct**

750 ct : 150 = **5 ct**

A: Ein saurer Regenbogen kostet **5 ct** im Einkauf.

c) R: Einnahmen von den Riesenschlangen: 60 · 30 ct = 1 800 ct

Einnahmen von den Regenbögen: 150 · 15 ct = 2 250 ct

Einnahmen insgesamt: 1 800 ct + 2 250 ct = **4 050 ct**

Ausgaben insgesamt: 1 200 ct + 750 ct = **1 950 ct**

Geld für die Klassenkasse: 4 050 ct − 1 950 ct = **2 100 ct**

A: Für die Klassenkasse bleiben **2 100 ct (= 21 €)** übrig.

d) R: entgangene Einnahmen für Riesenschlangen: 2 · 30 ct = **60 ct**

entgangene Einnahmen für Regenbögen: 10 · 15 ct = **150 ct**

Geld für die Klassenkasse:

$$\begin{array}{r} 2\,100 \text{ ct} \\ 60 \text{ ct} \\ - \quad 150 \text{ ct} \\ \hline 1\,890 \text{ ct} \end{array}$$

A: Für die Klassenkasse bleiben **1 890 ct (= 18,90 €)** übrig.

42  = **5**    = **30**    = **120**    = **2**

43 a)   R: $\underline{23 \cdot 12}$
      23
      $\underline{\quad 46}$
      276

A: Insgesamt können **276 Stücke** verkauft werden.

b)   R: $12 \cdot 3 = \textbf{36}$
      $36 + 4 = \textbf{40}$ (40 Stücke haben sie insgesamt **nicht verkauft**.)
      $276 - 40 = \textbf{236}$
A: Sie haben **236 Stücke** verkauft.

44 a)   R: Eintritt ins Museum für alle: $45 \cdot 3 \,€ = \textbf{135 €}$
      Kosten insgesamt: $225 \,€ + 135 \,€ = \textbf{360 €}$
A: Die **Kosten für alle Schüler** betragen für die **Busfahrt** und
      den **Eintritt** in das Museum **360 €**.

b)   R: Kosten pro Schüler: $360 \,€ : 45 = \textbf{8 €}$
      (Gesamtkosten geteilt durch Anzahl der Schüler)
      zurückerstatteter Betrag: $10 \,€ - 8 \,€ = \textbf{2 €}$
A: Jeder Schüler bekommt **2 €** zurück.

45 R:

Schokoriegel	... mit Milch-cremefüllung	... mit Erdnuss-füllung	... mit Knusper-füllung
Packungen/Tüten	**2**	**1**	**5**
Riegel pro Packung	**8**	**18**	**4**
Riegel insgesamt	$2 \cdot 8 = \textbf{16}$	$1 \cdot 18 = \textbf{18}$	$5 \cdot 4 = \textbf{20}$

Schokoriegel insgesamt: $16 + 18 + 20 = \textbf{54}$
Schokoriegel pro Schüler: $54 : 18 = \textbf{3}$
A: Jedes Kind bekommt **3 Schokoriegel**.

46 R: Montag bis Mittwoch $\longrightarrow$ 2 Übernachtungen

Übernachtungskosten insgesamt: 594 € · 2 = **1 188 €**

Übernachtungskosten pro Schüler: 1 188 € : 22 = **54 €**

Nebenrechnung: 1188 : 22 = **54 €**
$$\begin{array}{r} -110 \\ \hline 88 \\ -88 \\ \hline 0 \end{array}$$

Eintritt ins Schwimmbad pro Schüler: 66 € : 22 = **3 €**

Eintritt ins Museum pro Schüler: 44 € : 22 = **2 €**

Kosten insgesamt pro Schüler:

$$\begin{array}{r} 54\,€ \text{ (Übernachtungskosten)} \\ 3\,€ \text{ (Schwimmbad)} \\ 5\,€ \text{ (Schifffahrt)} \\ +\quad 2\,€ \text{ (Museum)} \\ \hline \mathbf{64\,€} \end{array}$$

A: Der Schullandheimaufenthalt kostet **pro Schüler 64 Euro**.

47 R: Simon fährt mit seiner Familie ~~zum dritten Mal~~ für eine Woche in den Urlaub ~~in den 918 km entfernten Badeort in Italien~~. ~~Er hat 5 Geschwister~~. Für Autobahngebühren bezahlen sie 85 €. Sie tanken ~~zweimal~~ und bezahlen insgesamt 123,86 € ...

Kosten für die Ferienwohnung: 79 € · 7 = **553 €**

Kosten insgesamt: 85 € + 123,86 € + 553 € + 104,89 € = **866,75 €**

A: Sie geben **866,75 €** für die Woche Familienurlaub aus.

48

	11·8	8·8			999 +999	673 −255	3299 +900		890 −699	186 +113	801 −712
389 +471	8	6	0	12·12 ▶	1	4	4	512:4 ▶	1	2	8
1172 −326 ▶	8	4	6		9	1	1	111·9 ▶	9	9	9
	56:8	72:8	31·2	878 +111 ▶	9	8	9		1	9	144 :12
922 −126	7	9	6		8	810:9 ▶	9	0	72:8	56:7	1
		50:2 ▶	2	5	36:6 ▶	6	9767 +215	9	9	8	2

49 F (1|1), G (3|2), H (12|1), I (8|3)

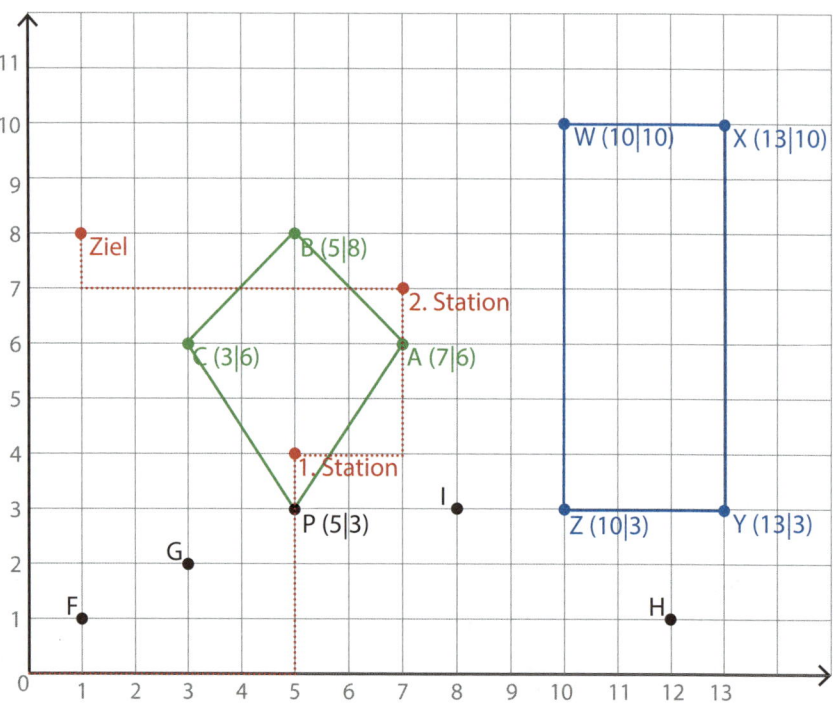

50 A: Es ist ein **Drache** entstanden (= **grün eingezeichnet**).

51 e) ⊗ ⎫
    f) ⊗ ⎬ Nur diese 2 Aussagen stimmen.
              ⎭

52 1. Station: **(5|4)**   2. Station: **(7|7)**   Ziel: **(1|8)** (siehe **rote Punktelinie**)
    A: Die Koordinaten des Zielpunktes sind **(1|8)**.

53 W (10|10), X (13|**10**), Y (13|3), Z (**10**|3)
    Das **Rechteck ist blau** eingezeichnet.

54
a) $12 - 8 : 2 = 12 - 4 = \mathbf{8}$
b) $3 \cdot (5 + 7) = 3 \cdot 12 = \mathbf{36}$
c) $9 \cdot 2 - 2 + 9 = 18 - 2 + 9 = \mathbf{25}$
d) $(78 - 3 \cdot 4) : 2 = (78 - 12) : 2 = 66 : 2 = \mathbf{33}$
e) $25 - 9 : 3 + (3 - 3) = 25 - 9 : 3 + 0 = 25 - 3 + 0 = \mathbf{22}$

55 Denke vor allem an die Klammern!
a) $63 + 19 = \mathbf{82}$
b) $5 + 3 \cdot 2 = 5 + 6 = \mathbf{11}$
c) $63 - (27 + 5) = 63 - 32 = \mathbf{31}$
d) $63 : (10 - 3) = 63 : 7 = \mathbf{9}$
e) $3 \cdot 8 - (13 + 9) = 24 - 22 = \mathbf{2}$
f) $(3 \cdot 8) : 2 = 24 : 2 = \mathbf{12}$
g) $(9 - 5) \cdot (24 : 8) = 4 \cdot 3 = \mathbf{12}$
h) $4 \cdot (25 - 13) = 4 \cdot 12 = \mathbf{48}$

56
R: $46\,€ + 13\,€ - 8\,€ + 3\,€ = \mathbf{54\,€}$
A: Am Ende des Monats sind **54 €** in der Spardose.

57
R: $50\,€ - 14{,}99\,€ - 8{,}99\,€ - 14{,}95\,€ = \mathbf{11{,}07\,€}$
oder:
$50\,€ - (14{,}99\,€ + 8{,}99\,€ + 14{,}95\,€) = 50\,€ - 38{,}93\,€ = \mathbf{11{,}07\,€}$
oder:
$14{,}99\,€ + 8{,}99\,€ + 14{,}95\,€ + \mathbf{?} = 50\,€$
$38{,}93\,€ + \mathbf{?} = 50\,€$
$\mathbf{?} = 50\,€ - 38{,}93\,€ = \mathbf{11{,}07\,€}$
A: Felix hat noch **11,07 €** zum Sparen übrig.

58

Tage	Sa	So	Mo	Di	gestern	heute
Lernzeit	**20 min**	**0 min**	**30 min**	**15 min**	**45 min**	**?**

R: $20 \text{ min} + 30 \text{ min} + 15 \text{ min} + 45 \text{ min} + \mathbf{?} = 3 \text{ h}$
$(3 \text{ h} = 3 \cdot 60 \text{ min} = 180 \text{ min})$

$110 \text{ min} + \mathbf{?} = 180 \text{ min} \mid - 110 \text{ min}$
$\mathbf{?} = \mathbf{70 \text{ min}}$

oder: $180 \text{ min} - 20 \text{ min} - 30 \text{ min} - 15 \text{ min} - 45 \text{ min} = \mathbf{70 \text{ min}}$
oder: $180 \text{ min} - (20 \text{ min} + 30 \text{ min} + 15 \text{ min} + 45 \text{ min}) =$
$180 \text{ min} - 110 \text{ min} = \mathbf{70 \text{ min}}$
A: Lena muss heute noch **70 Minuten** (= **1 h 10 min**) üben.

59 R: $38 \cdot 7$ ct $+ 14 \cdot 7$ ct $+ 69 \cdot 7$ ct $+ 5 \cdot 9$ ct $+ 10$ € =
266 ct $+ 98$ ct $+ 483$ ct $+ 45$ ct $+ 10$ € =
892 ct $+ 10$ € = (Umrechnung in Euro: 892 ct = 8,92 €)
8,92 € $+ 10$ € = **18,92 €**
oder:
$(38 + 14 + 69) \cdot 7$ ct $+ 5 \cdot 9$ ct $+ 10$ € =
$121 \cdot 7$ ct $+ 45$ ct $+ 10$ € =
847 ct $+ 45$ ct $+ 10$ € =
892 ct $+ 10$ € = **18,92 €**

  A: Ihre Handyrechnung für den Monat Mai betrug **18,92 €**.

60 a) $\boxtimes$ Subtrahiere von der Zahl 29 das Produkt aus 3 und 8.

  b) $\boxtimes$ Addiere zu der Zahl 111 das Produkt aus 3 und 3
und halbiere das Ergebnis.
und:
$\boxtimes$ Addiere zu der Zahl 111 das Produkt aus 3 und 3 und
dividiere das Ergebnis durch die Zahl 2.

61 Für „eine Zahl" musst du einen Buchstaben setzen, z. B. **x**.
  a) **x : 9**   c) **(17 · 4) – x**
  b) **(27 · 39) – x**   d) **x + (59 – 37)**

62 a) R: $\underset{\text{(ich jetzt)}}{\textbf{x}} \quad \underset{\text{(Jahre, die vergehen)}}{+6} \quad \underset{\text{(Alter später)}}{= 18}$

  $\textbf{x} + 6 = 18 \quad | - 6$
  $\textbf{x} \quad\ = \textbf{12}$

  A: Jetzt bin ich **12 Jahre** alt.

  b) R: $\underset{\text{(Alter der Tante)}}{\textbf{x}} \quad \underset{\text{(Jahre jünger)}}{-10} \quad \underset{\text{(doppelt so alt wie)}}{= 2 \cdot} \quad \underset{\text{(ich)}}{20}$

  $\textbf{x} - 10\ = 2 \cdot 20 \quad | + 10$
  $\textbf{x} \quad\ = 40 + 10$
  $\textbf{x} \quad\ = \textbf{50}$

  A: Die Tante ist **50 Jahre** alt.

c) R: $\mathbf{x}$ + 13 cm = 62 cm + 89 cm
(ich) (13 cm größer) (kleine Schwester und Bruder zusammen)

$\mathbf{x}$ + 13 cm = 62 cm + 89 cm | − 13 cm

$\mathbf{x}$ = 62 cm + 89 cm − 13 cm

$\mathbf{x}$ = 151 cm − 13 cm

$\mathbf{x}$ = **138 cm**

A: Ich bin **138 cm** groß.

d) R: Die gesuchte Zahl ist $\mathbf{x}$.

$2 \cdot \mathbf{x} = 27 \cdot 12$

$2 \cdot \mathbf{x} = 324$ | : 2

$\mathbf{x} = \mathbf{162}$

A: Die gesuchte Zahl ist **162**.

e) R:

Papa   **Schwester**   **Mama**   **ich**

42   +   (42 : 2)   +   (42 + 3)   + $\mathbf{x}$ = 119

$42 + 21 + 45 + \mathbf{x} = 119$

$108 + \mathbf{x} = 119$ | − 108

$\mathbf{x} = \mathbf{11}$

A: Ich bin **11 Jahre** alt.

63 R: Das $\mathbf{x}$ steht für die **Kosten eines Computerspiels**.

❌ $3 \cdot x - 20 = 34$

$3 \cdot \mathbf{x}$	−	20	=	34
Kosten für drei Computerspiele		**der Gutschein über 20 € wird abgezogen**		**die 34 €, die er noch zahlt**

$3 \cdot \mathbf{x} - 20 = 34$ | + 20

$3 \cdot \mathbf{x}$ = 54 | : 3

$\mathbf{x}$ = **18**

A: Ein Computerspiel kostet **18 €**.

Lösungen

64 $x + 12 = 98 : 2$

⊗ Wenn ich zu **meiner Zahl 12 addiere**, erhalte ich **die Hälfte von 98**.

⊗ **In 12 Jahren bin ich halb so alt wie meine Oma jetzt** ist. **Oma ist jetzt 98 Jahre** alt.

65 R: $4 \cdot x - x = 15$ **Fehler**: Hier muss **+ x** stehen: $4 \cdot x + x = 15$

$3 \cdot x = 15 \mid : 3$ $5 \cdot x = 15 \mid : 5$

$x = 5$ **x = 3**

A: Die Katze ist nicht 5, sondern **3 Jahre** alt!

66 R: 24 € + 3 · **x** = 30 €
(Preis für Lampions) (Packungen) (Preis für 1 Packung Luftballons) (Gesamtpreis)

$24 € + 3 \cdot x = 30 € \mid - 24 €$

$3 \cdot x = 6 € \mid : 3$

x = 2 €

A: Eine Packung Luftballons kostet **2 €**.

67 a) R: $6\,000 + 2\,000 + x = 12\,500$

$8\,000 + x = 12\,500 \mid - 8\,000$

x = 4 500

A: Es wurden **4 500 Stehplatzkarten** verkauft.

b) R: $6\,000 \cdot 40 € + 2\,000 \cdot 20 € + 4\,500 \cdot 12 € = x$

$240\,000 € + 40\,000 € + 54\,000 € = \textbf{334 000 €}$

A: Durch die Eintrittsgelder wurden **334 000 €** eingenommen.

68 a) R: **x** – 42 kg = 70 kg
(Erdbeeren am Morgen) (verkaufte Erdbeeren) (übrige Erdbeeren)

$x - 42\,kg = 70\,kg \mid + 42\,kg$

x = 112 kg

A: Am Morgen hatte er **112 kg** Erdbeeren für den Verkauf.

b) R: $\quad \mathbf{x} \qquad\qquad \cdot 4 \,€ \qquad = 368 \,€$

(verkaufte   (Preis pro   (Geld
Kilogramm)   Kilogramm)   am Abend)

$\quad \mathbf{x} \cdot 4 \,€ \;= 368 \,€ \qquad | : 4 \,€$

$\quad \mathbf{x} \qquad\; = 368 \,€ : 4 \,€$

$\quad \mathbf{x} \qquad\; = \mathbf{92}$

A: Er hat **92 kg** Erdbeeren verkauft.

c) R: übrige Erdbeeren: 112 kg – 92 kg

$\quad (112 - 92) \cdot 4 \,€ = \mathbf{x}$

$\quad\quad\quad\; 20 \cdot 4 \,€ = \mathbf{x}$

$\quad\quad\quad\quad \mathbf{80 \,€ = x}$

A: Seine Großeltern hätten damit **80 €** verdienen können.

69 Hier musst du darauf achten, wie viel Stück du für welchen Preis
👑 bekommst: z. B. 10 Pappbecher kosten 2,50 €.

$\quad\quad\quad\quad$ 20 Pappbecher kosten $2 \cdot 2,50 \,€ = 5 \,€$

R: $\; 2 \cdot 2,50 \,€ + 2 \cdot 3 \,€ + 5 \cdot 1 \,€ + 1 \,€ + \mathbf{x} + 3 \,€ = 26 \,€$

$\quad\quad 5 \,€ + 6 \,€ + 5 \,€ + 1 \,€ + \mathbf{x} + 3 \,€ = 26 \,€$

$\quad\quad\quad\quad\quad\quad\quad 20 \,€ + \mathbf{x} = 26 \,€ \qquad | - 20 \,€$

$\quad\quad\quad\quad\quad\quad\quad\quad\quad\quad \mathbf{x = 6 \,€}$

1 Packung mit 20 Servietten kostet 2 €.

Noah hat für 6 € Servietten bestellt: $6 \,€ : 2 \,€ = \mathbf{3}$

Er hat also **3 Packungen** bestellt: 3 · 20 Stück = **60 Stück**

A: Noah hat 3 Packungen, also **insgesamt 60 Servietten** bestellt.

70 R: $\; 70 \cdot 1 \,€ + 10 \,€ + \mathbf{x} \cdot 2 \,€ = 160 \,€$
👑

$\quad\quad 70 \,€ + 10 \,€ + \mathbf{x} \cdot 2 \,€ = 160 \,€$

$\quad\quad\quad\quad 80 \,€ + \mathbf{x} \cdot 2 \,€ = 160 \,€ \qquad | - 80 \,€$

$\quad\quad\quad\quad\quad\quad \mathbf{x} \cdot 2 \,€ = 80 \,€ \qquad | : 2 \,€$

$\quad\quad\quad\quad\quad\quad \mathbf{x} \qquad = \mathbf{40}$

A: Sie haben **40 große Muffins** verkauft.

71

a) $\dfrac{1}{4}$

b) $\dfrac{12}{24}$ oder $\dfrac{1}{2}$

c) $\dfrac{2}{4}$ oder $\dfrac{1}{2}$

d) $\dfrac{5}{16}$

e) $\dfrac{2}{7}$

f) $\dfrac{4}{11}$

g) $\dfrac{15}{26}$

h) $\dfrac{7}{15}$

i) $\dfrac{17}{36}$

Bei den Aufgaben h) und i) musst du die **ganzen Kästchen halbieren**!

72

a) $\dfrac{1}{2}$

b) $\dfrac{1}{6}$

c) $\dfrac{7}{22}$

d) $\dfrac{9}{32}$

e) $\dfrac{7}{8}$

f) $\dfrac{1}{6}$

a) Es müssen irgendwelche 4 Kästchen markiert sein.

b) Es muss irgendein Kästchen markiert sein.

c) Zuerst müssen die Kästchen eingezeichnet werden.
Es müssen irgendwelche 7 Kästchen markiert sein.

d) Zuerst muss jedes Kästchen halbiert werden.
Es müssen irgendwelche 9 halben Kästchen markiert sein.

e) Es sind entweder ein ganzes Kästchen oder zwei halbe Kästchen **nicht** markiert.

f) Es müssen entweder irgendwelche 5 kleinen Kästchen markiert sein oder eine ganze Spalte von oben nach unten.

Kindergarten und Vorschule

619 Kindergartenblock – Gemeinsamk. & Unterschiede ab 4 Jahre
978-3-88100-619-4 | 5,90 EUR** | DIN-A5-Block

620 Kindergartenblock – Das kann ich schon! ab 4 Jahre
978-3-88100-620-0 | 5,90 EUR** | DIN-A5-Block

621 Kindergartenblock – Formen, Farben, Fehler finden ab 4 Jahre
978-3-88100-621-7 | 5,90 EUR** | DIN-A5-Block

622 Kindergartenblock – Verbinden, vergleichen, Fehler finden ab 4 Jahre
978-3-88100-622-4 | 5,90 EUR** | DIN-A5-Block

618 Vorschulblock – Schneiden, kleben, basteln ab 5 Jahre
978-3-88100-618-7 | 5,90 EUR** | DIN-A5-Block

623 Vorschulblock – Konzentration und Wahrnehmung ab 5 Jahre
978-3-88100-623-1 | 5,90 EUR** | DIN-A5-Block

624 Vorschulblock – Logisches Denken, rätseln und knobeln ab 5 Jahre
978-3-88100-624-8 | 5,90 EUR** | DIN-A5-Block

625 Vorschulblock – Fit zum Schuleintritt ab 5 Jahre
978-3-88100-625-5 | 5,90 EUR** | DIN-A5-Block

626 Vorschulblock – Schwungübungen ab 5 Jahre
978-3-88100-626-2 | 5,90 EUR** | DIN-A5-Block

627 Vorschulblock – Zahlen und Mengen ab 5 Jahre
978-3-88100-627-9 | 5,90 EUR** | DIN-A5-Block

628 Vorschulblock – Buchstaben und Laute ab 5 Jahre
978-3-88100-628-6 | 5,90 EUR** | DIN-A5-Block

611 Vorschule: Schulreife fördern
978-3-88100-611-8 | 4,90 EUR* | DIN-A5-Heft

612 Vorschule: Sprache entdecken
978-3-88100-612-5 | 4,90 EUR* | DIN-A5-Heft

613 Vorschule: Zahlen entdecken
978-3-88100-613-2 | 4,90 EUR* | DIN-A5-Heft

614 Vorschule: Unsere vier Jahreszeiten
978-3-88100-614-9 | 4,90 EUR* | DIN-A5-Heft

615 Vorschule: Rund um meinen Körper
978-3-88100-615-6 | 4,90 EUR* | DIN-A5-Heft

Malblöcke   ab 3 Jahre

601 Malblock – Indianer, Ritter und Piraten
978-3-88100-601-9 | 4,90 EUR* | DIN-A5-Block

602 Malblock – Märchen und Zauberei
978-3-88100-602-6 | 4,90 EUR* | DIN-A5-Block

603 Malblock – Notarzt, Polizei und Feuerwehr
978-3-88100-603-3 | 4,90 EUR* | DIN-A5-Block

604 Malblock – Pferde
978-3-88100-604-0 | 4,90 EUR* | DIN-A5-Block

605 Malblock – Tiere im Zoo
978-3-88100-605-7 | 4,90 EUR* | DIN-A5-Block

Rätselblöcke   für Kinder von 5 – 10 Jahre

630 Rätselblock ab 5 Jahre, Band 1
978-3-88100-630-9 | 5,90 EUR** | DIN-A5-Block

636 ab 5 Jahre, Band 2
978-3-88100-636-1 | 5,90 EUR**

631 Rätselblock ab 6 Jahre, Band 1
978-3-88100-631-6 | 5,90 EUR** | DIN-A5-Block

637 ab 6 Jahre, Band 2
978-3-88100-637-8 | 5,90 EUR**

632 Rätselblock ab 7 Jahre, Band 1
978-3-88100-632-3 | 5,90 EUR** | DIN-A5-Block

638 ab 7 Jahre, Band 2
978-3-88100-638-5 | 5,90 EUR**

633 Rätselblock ab 8 Jahre, Band 1
978-3-88100-633-0 | 5,90 EUR** | DIN-A5-Block

639 ab 8 Jahre, Band 2
978-3-88100-639-2 | 5,90 EUR**

634 Rätselblock ab 9 Jahre, Band 1
978-3-88100-634-7 | 5,90 EUR** | DIN-A5-Block

640 ab 9 Jahre, Band 2
978-3-88100-640-8 | 5,90 EUR**

635 Rätselblock ab 10 Jahre
978-3-88100-635-4 | 5,90 EUR** | DIN-A5-Block

Spielerisch üben in Kindergarten & Grundschule

Besser lernen und spielerisch üben für Kindergarten & Schule

von Pädagogen empfohlen!

* 8,10 EUR [A] | 9,50 CHF   ** 12,20 EUR [A] | 14,30 CHF

4. Klasse Mathematik, Deutsch und Englisch

Selbständig lernen, üben und testen
Seit über 40 Jahren in der Praxis erprobt

283 Tests in Deutsch
Lernzielkontrollen 3. Klasse

84 Tests in Mathe
Lernzielkontrollen 4. Klasse

Fit für
jede Klassen-
arbeit!

hauschkaverlag

Grundschule Hausaufgabenheft

700 Hausaufgabenheft
978-3-88100-700-9 | 3,90 EUR | 4,00 EUR [A] | 4.70 CHF | DIN-A5-Heft

Weiterführende Schulen Mathematik, Deutsch und Englisch

24 Bruchrechnen ab 6. Klasse
978-3-88100-024-6 | 7,90 EUR* | DIN-A5-Heft

44 Flächenberechnung – Umfang und Fläche von Rechteck u. Quadrat
978-3-88100-044-4 | 7,90 EUR* | DIN-A5-Heft

60 Textaufgaben Mittel-/Hauptschule 5. Klasse
978-3-88100-060-4 | 7,90 EUR* | DIN-A5-Heft

65 Prozentrechnen 6.–9. Klasse
978-3-88100-065-9 | 7,90 EUR* | DIN-A5-Heft

155 Rechnen und Textaufgaben – Gymnasium 5. Klasse
978-3-88100-155-7 | 7,90 EUR* | DIN-A5-Heft

156 Rechnen und Textaufgaben – Gymnasium 6. Klasse
978-3-88100-156-4 | 7,90 EUR* | DIN-A5-Heft

165 Rechnen und Textaufgaben – Realschule 5. Klasse
978-3-88100-165-6 | 7,90 EUR* | DIN-A5-Heft

215 Grammatik 5.–7. Klasse
978-3-88100-215-8 | 7,90 EUR* | DIN-A5-Heft

224 Bildergeschichte. Aufsatz 4./5. Klasse
978-3-88100-224-0 | 7,90 EUR* | DIN-A5-Heft

225 Erlebniserzählung. Aufsatz 4./5. Klasse
978-3-88100-225-7 | 7,90 EUR* | DIN-A5-Heft

226 Bericht. Aufsatz 5.–7. Klasse
978-3-88100-226-4 | 7,90 EUR* | DIN-A5-Heft

228 Inhaltsangabe. Aufsatz 7.–9. Klasse
978-3-88100-228-8 | 7,90 EUR* | DIN-A5-Heft

230 Erörterung. Aufsatz 8.–11. Klasse
978-3-88100-230-1 | 7,90 EUR* | DIN-A5-Heft

245 Diktate 5./6. Klasse
978-3-88100-245-5 | 7,90 EUR* | DIN-A5-Heft

260 Rechtschreibtraining ab 5. Klasse und für Erwachsene
978-3-88100-046-8 | 7,90 EUR* | DIN-A5-Heft

261 Zeichensetzung ab 6. Klasse und für Erwachsene
978-3-88100-047-5 | 7,90 EUR* | DIN-A5-Heft

301 Present: Progressive & Simple Englisch 5. Klasse
978-3-88100-301-8 | 7,90 EUR* | DIN-A5-Heft

303 Frage und Verneinung. Englisch ab 6. Klasse und für Erwachsene
978-3-88100-303-2 | 7,90 EUR* | DIN-A5-Heft

305 Simple Past & Present Perfect. Englisch ab 6. Kl. u. für Erwachsene
978-3-88100-305-6 | 7,90 EUR* | DIN-A5-Heft

321 Wichtige Grammatikbereiche. Englisch 5. Klasse
978-3-88100-321-6 | 7,90 EUR* | DIN-A5-Heft

322 Wichtige Grammatikbereiche. Englisch 6. Klasse
978-3-88100-322-3 | 7,90 EUR* | DIN-A5-Heft

323 Wichtige Grammatikbereiche. Englisch 7. Klasse
978-3-88100-323-0 | 7,90 EUR* | DIN-A5-Heft

341 Diktate und Übersetzungen. Englisch 5. Klasse
978-3-88100-341-4 | 7,90 EUR* | DIN-A5-Heft

342 Diktate und Übersetzungen. Englisch 6. Klasse
978-3-88100-342-1 | 7,90 EUR* | DIN-A5-Heft

- ✓ gezielt fördern
- ✓ selbständig lernen
- ✓ von Kindern getestet
- ✓ motiviert üben und wiederholen
- ✓ Qualität durch über 40 Jahre Erfahrung

* 8.10 EUR [A] | 9.50 CHF

hauschkaverlag
einfach besser lernen

Hauschka Verlag · Inh. Thomas Wolf
Lilienthalstraße 1 · 82178 Puchheim
Tel. +49 89 406670 · Fax +49 89 894066769
info@hauschkaverlag.de · hauschkaverlag.de

73 a) R: $\dfrac{3}{8}$ $\dfrac{\text{gegessene Stücke}}{\text{gesamte Anzahl an Stücken}}$

A: Es wurden $\dfrac{3}{8}$ der Pizza verspeist.

b) A: Er hat $\dfrac{9}{16}$ der Apfelstücke gegessen.

c) R: $\dfrac{4+9}{32} = \dfrac{13}{32}$

A: Sie hat $\dfrac{13}{32}$ der Bonbons verschenkt.

d) R: **Onkel Franz:** $\dfrac{3}{12}$ oder $\dfrac{1}{4}$

Charly: $\dfrac{2}{12}$ oder $\dfrac{1}{6}$

Janine: $\dfrac{1}{12}$

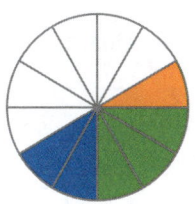

A: Onkel Franz hat $\dfrac{3}{12}$ oder $\dfrac{1}{4}$ des Kuchens, Charly $\dfrac{2}{12}$ oder $\dfrac{1}{6}$

und Janine $\dfrac{1}{12}$ gegessen.

e) R: Anzahl der Schüler ohne Brille: $21 - 6 = \mathbf{15}$

A: $\dfrac{15}{21}$ der Schüler tragen keine Brille.

74 a) R:

 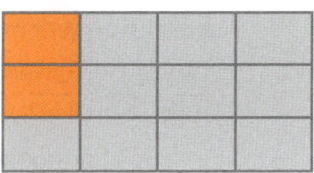

Pizzastücke insgesamt: $2 \cdot 12 = \mathbf{24}$

Elias: $\dfrac{2}{24}$ ($\dfrac{1}{12}$), **Björn:** $\dfrac{4}{24}$ ($\dfrac{1}{6}$), **Tarek:** $\dfrac{3}{24}$ ($\dfrac{1}{8}$), **Max:** $\dfrac{5}{24}$

A: Elias isst $\dfrac{2}{24}$, Björn $\dfrac{4}{24}$, Tarek $\dfrac{3}{24}$ und Max $\dfrac{5}{24}$ der Pizza.

b) R: $\dfrac{2}{24} + \dfrac{4}{24} + \dfrac{3}{24} + \dfrac{5}{24} = \dfrac{2+4+3+5}{24} = \dfrac{14}{24}$ (siehe Skizze bei a))

A: Zusammen essen sie $\dfrac{14}{24}$ der zwei Pizzen.

c) R: Bruchteil der ganzen zwei Pizzen: $\dfrac{24}{24}$

$\dfrac{24}{24} - \dfrac{14}{24} = \dfrac{24-14}{24} = \dfrac{10}{24}$

A: $\dfrac{10}{24}$ der Pizzen sind noch übrig.

75 a) R: $2 \cdot 6 = 12$ (Bratwürste), Bruchteil aller Bratwürste: $\dfrac{12}{12}$

Papa: $\dfrac{4}{12}$, Mama: $\dfrac{2}{12}$, Andrea: $\dfrac{1}{12}$, Jonas: $\dfrac{3}{12}$

$\dfrac{4}{12} + \dfrac{2}{12} + \dfrac{1}{12} + \dfrac{3}{12} = \dfrac{4+2+1+3}{12} = \dfrac{10}{12}$ (werden gegessen)

$\dfrac{12}{12} - \dfrac{10}{12} = \dfrac{12-10}{12} = \dfrac{2}{12}$ (sind auf dem Grill)

A: $\dfrac{2}{12}$ der Bratwürste sind noch auf dem Grill.

b) R: Anteil der Würste, die der Opa essen möchte: $\dfrac{2}{12}$

Bruchteil der vom Hund gegessenen Würstchen: $\dfrac{1}{12}$

(1 Würstchen $\triangleq \dfrac{1}{12}$ aller Würstchen)

Anzahl der Würste, die noch auf dem Grill sind:

$\dfrac{2}{12} - \dfrac{1}{12} = \dfrac{2-1}{12} = \dfrac{1}{12}$

$\longrightarrow$ Es ist nur noch $\dfrac{1}{12}$ aller Würste auf dem Grill.

A: Opa kann keine $\dfrac{2}{12}$ der Würste essen.

76  ≙ 20 Hasen

Anteil ganzer Hasen   zerstörter Anteil

R: 1 Paket ≙ $\frac{20}{20}$ ⟶ 1 Hase ≙ $\frac{1}{20}$ ⟶ 6 Hasen ≙ $\frac{6}{20}$

$\frac{20}{20} - \frac{6}{20} = \frac{14}{20}$ ⟶ $\frac{14}{20}$ einer Packung ≙ **14 Hasen**

A: **14 Hasen** sind noch ganz.

77

Kommaschreibweise (€)	Euro und Cent (€ und ct)	Cent (ct)
1,99 €	**1 € 99 ct**	**199 ct**
2,79 €	**2 € 79 ct**	**279 ct**
3,80 €	3 € 80 ct	**380 ct**
4,00 €/4 €	**4 €**	400 ct
0,51 €	**(0 €) 51 ct**	**51 ct**
0,03 €	**(0 €) 3 ct**	3 ct

---

78 R: Riesenschlangen: 2 · 30 ct = **60 ct**   Brauselutscher: **40 ct**
     saure Pommes: 9 · 5 ct = **45 ct**
     Kosten gesamt: 60 ct + 40 ct + 45 ct = **145 ct = 1,45 €**
A: Er bezahlt **1,45 €**.

---

79 R: 2,99 € = **299 ct**, 3,95 € = **395 ct**, 3 · 79 ct = **237 ct**

$$\begin{array}{r} 299 \text{ ct} \\ 395 \text{ ct} \\ + 237 \text{ ct} \\ \hline 931 \text{ ct} = 9,31 € \end{array}$$

A: Die Überraschung kostet **9,31 €**.

---

80 R: Eintrittspreis insgesamt: 8 € + 8 € + 6 € + 6 € = **28 €**
     28 € = 2 800 ct
     5,50 € = 550 ct
     3,50 € = 350 ct
     5,00 € = 500 ct

$$\begin{array}{r} 2\,800 \text{ ct} \\ 550 \text{ ct} \\ 350 \text{ ct} \\ + 500 \text{ ct} \\ \hline 4\,200 \text{ ct} = 42 € \end{array}$$

A: Insgesamt bezahlen sie **42 €**.

81 R:

Kaiserbrötchen:	Brezeln:	Kosten gesamt:

Kaiserbrötchen:
0,42 € = 42 ct
4 · 42 ct = **168 ct**

Brezeln:
0,67 € = 67 ct
4 · 67 ct = **268 ct**

Kosten gesamt:
168 ct
268 ct
106 ct
+ 220 ct
762 ct = 7,62 €

Mohnbrötchen:
0,53 € = 53 ct
2 · 53 ct = **106 ct**

Croissants:
1,10 € = 110 ct
2 · 110 ct = **220 ct**

oder: 4 · 42 ct + 4 · 67 ct + 2 · 53 ct + 2 · 110 ct = **762 ct = 7,62 €**
7,62 € < 10 €

A: Das Geld **reicht**.

82 a) R: 10-€-Scheine: 3 · 10 € = **30 €**

Scheine/Münzen	10 €	5 €	2 €	50 ct	20 ct	10 ct	5 ct
Anzahl	|||	||||	ЖЖ ЖЖ ||	||||	ЖЖ ||||	ЖЖ ЖЖ ||||	ЖЖ ЖЖ ЖЖ	
Summe	**30 €**	**20 €**	**24 €**	**200 ct**	**180 ct**	**140 ct**	**80 ct**

Cent-Münzen insgesamt:
200 ct
180 ct
140 ct
+ 80 ct
600 ct = **6 €**

eingesammeltes Geld:
30 €
20 €
24 €
+ 6 €
80 €

A: Sie hat **80 €** eingesammelt.

b) R: 80 € = 8 000 ct   2,50 € = 250 ct
8 000 ct : 250 ct = **32**
(Rechne so: 800 : 25!)
A: Es haben **32 Kinder** für den Eintritt bezahlt.

800 : 25 = **32**
−75
50
− 50
0

83 R:

Preis für 50 g	—:50→	Preis für 1 g	—·380→	Preis für 380 g
200 ct	—:50→	**4 ct**	—·380→	**1 520 ct**

380 · 4 ct
1 520 ct = 15,20 €

A: Er muss **15,20 €** bezahlen.

84 a) R:

Preis für 100 g	Preis für 1 g	Preis für **420 g**
3 € = 300 ct	**3 ct**	**1 260 ct / 12,60 €**

100 g kosten **300 ct**.
1 g kostet 300 ct : 100 = **3 ct**.
420 g kosten 420 · 3 ct = **1 260 ct = 12,60 €**.

A: Der Humus kostet **12,60 €**.

b) R:

Preis für **100 g**	Preis für **1 g**	Preis für **389 g**
2 € = 200 ct	**2 ct**	**778 ct / 7,78 €**

A: Der Frischkäse kostet **7,78 €**.

c) R:

Preis für 1 kg	$-:1000\rightarrow$ Preis für **1 g** $-\cdot 760\rightarrow$ Preis für **760 g**
10 € = **1 000 ct**	$-:1000\rightarrow$ 1 ct $-\cdot 760\rightarrow$ **760 ct / 7,60 €**

A: Die Oliven kosten **7,60 €**.

85

t (Tonne)	kg (Kilogramm)	g (Gramm)	mg (Milligramm)
3 t	**3 000 kg**	**3 000 000 g**	**3 000 000 000 mg**
4 t	**4 000 kg**	**4 000 000 g**	**4 000 000 000 mg**
0,6 t	**600 kg**	**600 000 g**	**600 000 000 mg**
0,043 t	**43 kg**	43 000 g	**43 000 000 mg**
12 t	**12 000 kg**	**12 000 000 g**	12 000 000 000 mg

86 R: pro Tag: 12 g · 3 = **36 g**   in 24 Tagen: 36 g · 24

$$\frac{72}{\;\;144\;\;}$$

864 g

A: Er isst **864 g**.

87 R: 1 t = 1 000 kg = **1 000 000 g**
1 000 000 g : 200 g = **5 000** (Rechne so: 10 000 : 2 = 5 000)

A: Es werden **5 000 Packungen** pro Stunde produziert.

88 a) R: Äpfel:

$$5 \cdot 8 \text{ kg} = 40 \text{ kg}$$
$$\underline{40 \cdot 40 \text{ kg}}$$
$$\textbf{1 600 kg}$$

Karotten:

$$\underline{5 \cdot 1\,300 \text{ g}}$$
$$6\,500 \text{ g}$$
$$\underline{40 \cdot 6\,500 \text{ g}}$$
$$260\,000 \text{ g} = \textbf{260 kg}$$

Äpfel und Karotten:

$$1\,600 \text{ kg}$$
$$\underline{+ \quad 260 \text{ kg}}$$
$$\textbf{1 860 kg} = \textbf{1,860 t}$$

A: Sie erhalten **1,86 t Äpfel und Karotten**.

b) R: Obst und Gemüse gesamt: 3,5 t = 3 500 kg

Äpfel und Karotten: 1 860 kg

Weintrauben: 200 kg

Gurken: 650 kg

Mandarinen: **x**

$$1\,860 \text{ kg} + 200 \text{ kg} + 650 \text{ kg} + x = 3\,500 \text{ kg}$$

$$1\,860 \text{ kg}$$
$$200 \text{ kg}$$
$$\underline{+ \quad 650 \text{ kg}}$$
$$\textbf{2 710 kg}$$

$$3\,500 \text{ kg}$$
$$\underline{- \quad 2\,710 \text{ kg}}$$
$$\textbf{790 kg}$$

A: Sie bekommen **790 kg Mandarinen**.

89 R: 1 000 g = 1 kg

$$1\,400 \cdot 1 \text{ kg} = 1\,400 \text{ kg} = \textbf{1,4 t}$$

A: Sie ernten **1,4 t Äpfel**.

90 R: Umwandeln:

			Obstmenge gesamt:
Äpfel:	6,5 kg	= 6 500 g	6 500 g
Birnen:	3 kg	= 3 000 g	3 000 g
Orangen:	2 kg	= 2 000 g	2 000 g
Bananen:	2 kg	= 2 000 g	2 000 g
Kiwis:	1 kg	= 1 000 g	1 000 g
Erdbeeren:	3,5 kg	= 3 500 g	+ 3 500 g
			18 000 g

Anzahl der Portionen:

$$18\,000 \text{ g} : 300 \text{ g} = \textbf{60} \text{ (Portionen)}$$

Endergebnis:

$$3,50 \ € = 350 \text{ ct}$$
$$\underline{350 \text{ ct} \cdot 60}$$
$$\textbf{21 000 ct} = \textbf{210 €}$$

A: Sie können **210 €** einnehmen.

91 a) 168 h = **7 d** (168 : 24 = 7)   b) 360 min = **6 h** (360 : 60 = 6)

c) 420 s = **7 min** (420 : 60 = 7)   d) 440 s = **7 min 20 s**

e) 12 h 30 min = **750 min** (12 · 60 + 30 = 750)

f) 3 h 12 min 57 s = **11 577 s** (3 · 3 600 + 12 · 60 + 57 = 11 577)

92

+ **49** min   + **3** h **58** min

93 **14:10 Uhr** ──── + **50 min** ────→ 15:00 Uhr

15:00 Uhr ──── + **3 h** ────→ 18:00 Uhr

18:00 Uhr ──── + **5 min** ────→ **18:05 Uhr**

14:10 Uhr ──── + **3 h 55 min** ────→ **18:05 Uhr**

94 R: Rechne alle Zeitangaben in Sekunden um, so kannst du leichter vergleichen.

Boris: 3 min 20 s

= 3 · 60 s + 20 s = 180 s + 20 s = **200 s**

Jessica: **320 s**

Jens: 2 min 40 s + 1 min 5 s

= 3 min 45 s

= 3 · 60 s + 45 s = 180 s + 45 s = **225 s**

⟶ **200 s Boris < 225 s Jens < 320 s Jessica**

A: **Boris** war am **schnellsten**, **dann** kam **Jens** und **danach Jessica**.

95 a) R: Samstag 11:06 Uhr ──── + **6 d** ────→ Freitag 11:06 Uhr

11:06 Uhr ──── + **6 h + 56 min** ────→ 18:02 Uhr

Samstag 11:06 Uhr ──── + **6 d + 6 h + 56 min** ────→ Freitag 18:02 Uhr

A: Es dauert **6 Tage 6 Stunden und 56 Minuten**.

b) R: Zugabfahrt: 13:50 Uhr ──── + 23 min ────→ **14:13 Uhr**

Zugfahrt: 14:13 Uhr ── 47 min + 3 h + 2 min = **3 h 49 min** ──→ 18:02 Uhr

A: Die Zugfahrt dauert **3 h 49 min**.

96 a)   **+1** bedeutet: einen Tag später

New York − 6 h	Buenos Aires − 5 h	**Berlin** **+ 0 h**	Istanbul + 1 h	Kabul + 2 h 30 min	Sydney + 8 h
03:00 Uhr	**04:00 Uhr**	**09:00 Uhr**	**10:00 Uhr**	**11:30 Uhr**	**17:00 Uhr**
02:20 Uhr	**03:20 Uhr**	08:20 Uhr	**09:20 Uhr**	**10:50 Uhr**	**16:20 Uhr**
05:57 Uhr	**06:57 Uhr**	**11:57 Uhr**	12:57 Uhr	**14:27 Uhr**	**19:57 Uhr**
05:04 Uhr	06:04 Uhr	**11:04 Uhr**	**12:04 Uhr**	**13:34 Uhr**	**19:04 Uhr**
11:12 Uhr	**12:12 Uhr**	**17:12 Uhr**	**18:12 Uhr**	**19:42 Uhr**	**01:12 Uhr +1**

b)   R: 17:05 Uhr ⟶ **+ 7 h** ⟶ 00:05 Uhr

Zwischen Istanbul und Sydney sind **7 h** Zeitunterschied.

A: **Tante Leyla** könnte in **Sydney** wohnen.

c)   R: 16:30 Uhr ⟶ + 6 h ⟶ **22:30 Uhr**
(Uhrzeit in Kabul)   **(Uhrzeit in Kabul)**

Zwischen der Uhrzeit in Kabul und der Uhrzeit in Istanbul liegen **1 h 30 min**. Das heißt: Die Uhr muss 1 h 30 min zurückgestellt werden.

22:30 Uhr ⟶ − 1 h 30 min ⟶ **21:00 Uhr**
(Uhrzeit in Kabul)   **(Uhrzeit in Istanbul)**

A: Bei der Landung in Istanbul ist es **21:00 Uhr**.

97 👑 Fahrzeiten ab Silberhornstraße

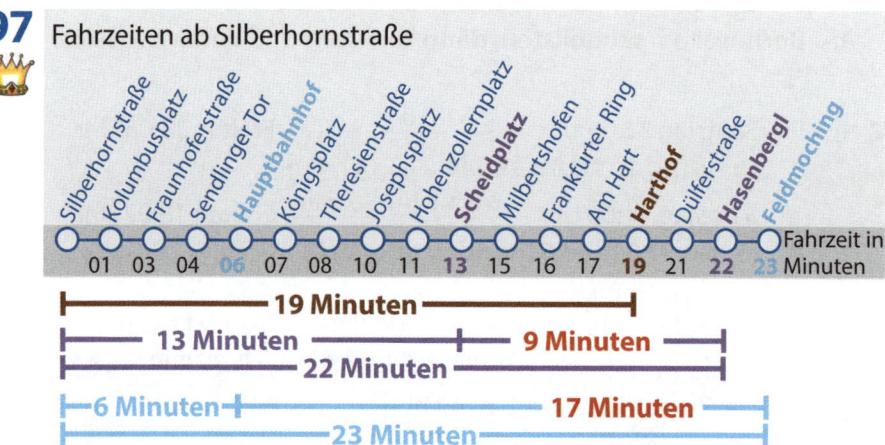

Abfahrtszeiten ab Silberhornstraße

Uhr	Montag – Freitag											Uhr
4	23											4
5	12	32	42	52								5
6	02	12	22	32	42	48	52	58				6
7	02	08	18	22	28	32	38	42	48	52	58	7
8	02	08	18	22	28	32	38	42	48	52	58	8
9	02	08	18	22	28	32	37	42	47	52	57	9

a) R: **4:23 Uhr (siehe Fahrplan oben)**
   A: Die erste U-Bahn fährt um **4:23 Uhr**.

b) R: Es fahren folgende U-Bahnen:
   8:02, **8:08**, **8:18**, **8:22**, **8:28**, **8:32**, **8:38**,
   8:42, **8:48**, **8:52**, **8:58** = **11 U-Bahnen**
   A: Es fahren in dieser Zeit **11 U-Bahnen**.

c) R: nächste U-Bahn nach 8:03: **8:08 Uhr**
   A: Die nächste U-Bahn fährt um **8:08 Uhr**.

d) R: Die Fahrzeit beträgt **19 Minuten**.
   9:18 Uhr $\xrightarrow{\text{+ 19 Minuten}}$ **09:37 Uhr**
   A: Er ist um **9:37 Uhr** am Harthof.

e) R: Silberhornstr. $\xrightarrow{\text{+ 13 Minuten}}$ Scheidplatz
   Silberhornstr. $\xrightarrow{\text{+ 22 Minuten}}$ Hasenbergl
   13 min + **x** = 22 min
   13 min + **9 min** = 22 min
   A: Die Fahrt dauert **9 min**.

f) R: Silberhornstr. $\xrightarrow{\text{+ 6 Minuten}}$ Hauptbahnhof
   Silberhornstr. $\xrightarrow{\text{+ 23 Minuten}}$ Feldmoching
   6 min + **x** = 23 min
   6 min + **17 min** = 23 min
   A: Die Fahrt dauert **17 min**.

98

km	m	dm	cm	mm
0,1 km	**100 m**	**1 000 dm**	**10 000 cm**	**100 000 mm**
12 km	**12 000 m**	**120 000 dm**	**1 200 000 cm**	12 000 000 mm
0,00280 km	**2,8 m**	**28 dm**	280 cm	**2 800 mm**
0,0015 km	**1,5 m**	15 dm	**150 cm**	**1 500 mm**
0,00137 km	**1,37 m**	**13,7 dm**	137 cm	**1 370 mm**
0,027 km	27 m	**270 dm**	**2 700 cm**	**27 000 mm**

99

R: Wandle zuerst alle Angaben in eine Einheit (z. B. cm) um, so kannst du die Lösungen besser miteinander vergleichen.

Luna: 2,50 m = 250 cm Ella: 150 cm

Tim: 23 dm = 230 cm Esi: 2 m 80 cm = **280 cm**

A: **Esi** springt am weitesten und ist die Siegerin des Wettspringens.

100

R: Rechne zuerst alle Längenangaben in cm um, so kannst du sie besser miteinander vergleichen.

1. 4,20 m = **420 cm** 4. **430 cm**

2. 4,10 m 9 dm = **500 cm** 5. 3 900 mm = **390 cm**

3. 41,5 dm = **415 cm**

A: 390 cm < 415 cm < 420 cm < 430 cm < 500 cm

$\longrightarrow$ **3 900 mm < 41,5 dm < 4,20 m < 430 cm < 4,10 m 9 dm**

101

R: **Tobias' Wegstrecke**: Montag bis Freitag je 1,5 km mit dem Rad hin und zurück

täglich: 2 · 1,5 km = 3 km wöchentlich: 5 · 3 km = **15 km**

Wegstrecke des Freundes:

Montag bis Donnerstag je 1 730 m hin und zurück

täglich: 2 · 1 730 m = 3 460 m wöchentlich: 4 · 3 460 m

= 13 840 m = **13,840 km**

15 km > 13,840 km

A: **Tobias** legt in einer Woche die längere Wegstrecke zurück.

102

R: 830 m + **x** = 1 762 m **x** = 1 762 m – 830 m = **932 m**

A: Die Schüler müssen **932 Höhenmeter** bis zum Gipfel aufsteigen.

103 a) R: Team 1: 3 · 5,80 km = 3 · 5 800 m = 17 400 m = **17,4 km**
 Team 2: 4 · 5 900 m = 23 600 m = **23,6 km**
 Team 3: 3 · 8,90 km = 3 · 8 900 m = 26 700 m = **26,7 km**
 Team 4: 2 · 8 800 m = 17 600 m = **17,6 km**

 A: Team 1 läuft jede Woche **17,4 km**, Team 2 läuft **23,6 km**,
 Team 3 **26,7 km** und Team 4 läuft **17,6 km**.

 b) A: **Team 3** läuft mit 26,700 km die meisten Kilometer.

104

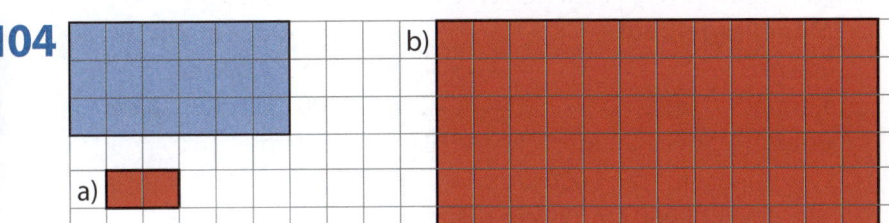

a) **Rechteck im Heft**   **1 : 3**   **dein Rechteck**
 Länge: 3 cm (= 6 Kästchen) bedeutet 3-fach Länge: 3 cm : 3 = **1 cm**
 Breite: 1,5 cm (= 3 Kästchen) verkleinern Breite: 1,5 cm : 3 = **0,5 cm**

b) **Rechteck im Heft**   **2 : 1**   **dein Rechteck**
 3 cm lang   bedeutet 2-fach Länge: 3 cm · 2 = **6 cm**
 1,5 cm breit   vergrößern Breite: 1,5 cm · 2 = **3 cm**

105 a) A: Die Aufschrift 1:25 bedeutet, dass etwas (z. B. die Modellautos)
 25-fach verkleinert ist. Der Modellbus ist 25-mal kleiner als
 der echte VW-Bus. **Oder**: Der VW-Bus ist in Wirklichkeit 25-mal
 größer als der Modellbus.

 b) R: **Modellbus**   **1 : 25**   **VW-Bus in Wirklichkeit**
 17 cm   ⟶   **?**
 1 cm   ⟶   25 cm
 17 cm   ⟶   17 · 25 cm
                                        34
                                         85
                              425 cm = 4,25 m

 A: Der VW-Bus ist in Wirklichkeit **425 cm (= 4,25 m)** lang.

106 R: Der Maßstab 3:1 bedeutet: Die Wirklichkeit wird im Bild 3-fach vergrößert. Damit ist die **Wirklichkeit 3-mal kleiner** als das Bild.

Libelle auf der Zeichnung	**3:1**	**Libelle in Wirklichkeit**
15 cm	⟶	**?**
15 cm	⟶	15 cm : 3 = **5 cm**

A: Die Libelle ist in Wirklichkeit **5 cm** lang. Antonio hat somit Recht.

107 Hier gibt es zwei verschiedene Berechnungsmöglichkeiten.

R: | **Modellsegelboot** | **?** | **Segelboot in Wirklichkeit** |
|---|---|---|
| 20 cm | ⟶ | 10 m = 1 000 cm |
| 1 cm | ⟶ | 1 000 cm : 20 = **50 cm** |

oder: 10 m in cm umrechnen: 10 m = 1 000 cm

$20 \text{ cm} \cdot \mathbf{?} = 1\,000 \text{ cm}$

$\mathbf{?} = 1\,000 \text{ cm} : 20 \text{ cm} = \mathbf{50}$

A: Lillys Modellsegelboot wurde im Maßstab **1:50** gebaut.

108 a) R: | **Route auf der Karte** | **1:100 000** | **Route in Wirklichkeit** |
|---|---|---|
| 25 cm | ⟶ | **?** |
| 1 cm | ⟶ | 100 000 cm |
| 25 cm | ⟶ | 25 · 100 000 cm |
| | | = 2 500 000 cm |
| | | = 25 000 m |
| | | = **25 km** |

A: Die Strecke ihrer Radtour beträgt in Wirklichkeit **25 km**.

b) R: | **Route in Wirklichkeit** | **1:25 000** | **Route auf der Karte** |
|---|---|---|
| 25 km = 2 500 000 cm | ⟶ | **?** |
| | | 2 500 000 cm : 25 000 |
| | | = **100 cm** |

A: Auf einer Karte im Maßstab 1:25 000 ist die Strecke ihrer Radtour **100 cm** lang.

109 Tipp: Immer 4 Kästchen ergeben 1 cm². So kannst du leicht rechnen.

3 cm²=	**4** cm²=	**3** cm²=	**1** cm²=
300 mm²	**400** mm²	**300** mm²	**100** mm²

110

m²	dm²	cm²	mm²
0,01 m²	**1 dm²**	**100 cm²**	**10 000 mm²**
5 m²	**500 dm²**	**50 000 cm²**	**5 000 000 mm²**
0,001326 m²	**0,1326 dm²**	**13,26 cm²**	1 326 mm²
0,0090 m²	**0,90 dm²**	90 cm²	**9 000 mm²**

111

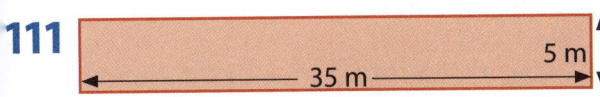

R: u = 35 m + 5 m + 35 m + 5 m = **80 m**

   80 m + 2 m = **82 m**

A: Sie benötigen zum Abstecken der Strecke **82 m Absperrband**.

112

a) R: Länge der Wand: 7 m   Höhe der Wand: 3 m

   $A_R = 7 \text{ m} \cdot 3 \text{ m} = \textbf{21 m}^2$

   A: Die Wandfläche beträgt **21 m²**.

b) R: 1 Liter Farbe reicht für 5 m².

   $5 \cdot 5 \text{ m}^2 = \textbf{25 m}^2 \longrightarrow 25 \text{ m}^2 > 21 \text{ m}^2$

   A: Mit 5 Litern Farbe kann eine Wandfläche von 25 m² gestrichen werden. **5 Liter Farbe reichen** ihnen aus.

113

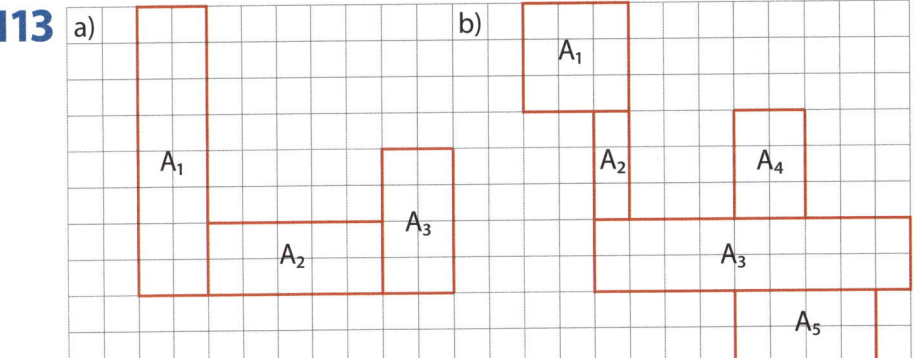

Zum Berechnen des Flächeninhaltes wurden die Figuren in einzelne Rechtecke unterteilt. Du kannst deine Rechtecke anders unterteilt haben. Das Endergebnis muss dasselbe sein.

a) R: u = 1 cm + 3 cm + 2,5 cm + 1 cm + 1 cm + 2 cm + 4,5 cm +
4 cm = **19 cm**

A: Der Umfang beträgt **19 cm**.

R: A_1 = 4 cm · 1 cm = **4 cm²** A_2 = 1 cm · 2,5 cm = **2,5 cm²**
A_3 = 1 cm · 2 cm = **2 cm²**
A_{Gesamt} = 4 cm² + 2,5 cm² + 2 cm² = **8,5 cm²**

A: Der Flächeninhalt beträgt **8,5 cm²**.

b) R: u = 1,5 cm +3 cm + 1,5 cm + 1,5 cm + 1 cm + 1,5 cm + 1,5 cm +
1 cm + 0,5 cm + 1 cm + 2 cm + 1 cm + 2,5 cm + 2 cm +
1 cm + 1,5 cm = **24 cm**

A: Der Umfang beträgt **24 cm**.

R: A_1 = 1,5 cm · 1,5 cm = 15 mm · 15 mm = 225 mm² = **2,25 cm²**
A_2 = 1,5 cm · 0,5 cm = **0,75 cm²** A_3 = 1 cm · 4,5 cm = **4,5 cm²**
A_4 = 1 cm · 1,5 cm = **1,5 cm²** A_5 = 1 cm · 2 cm = **2 cm²**
A_{Gesamt} = 2,25 cm² + 0,75 cm² + 4,5 cm² + 1,5 cm² + 2 cm²
= **11,00 cm²**

A: Der Flächeninhalt beträgt **11 cm²**.

114 R: a (Breite) · b (Länge) = 2 400 m² (Fläche)
Beispiele:
1. a = 20 m ⟶ b = 120 m   3. a = **40 m** ⟶ b = **60 m**
2. a = **30 m** ⟶ b = **80 m**   4. a = **24 m** ⟶ b = **100 m**

Vielleicht hast du andere Beispiele gefunden. Wichtig ist, dass
Länge a · Breite b = 2 400 m² beträgt und weder Länge noch
Breite **kleiner sind als 20 m**.

115 R: Rechne zuerst alle Längenangaben in cm um.
Sabines Auslaufgehege: a = 1,60 m = 160 cm   b = 0,70 m = 70 cm
= 160 cm · 70 cm = **11 200 cm²**
Stefans Auslaufgehege: = 90 cm · 120 cm = **10 800 cm²**

A: **Sabines** Auslaufgehege hat den **größeren Flächeninhalt**.

116

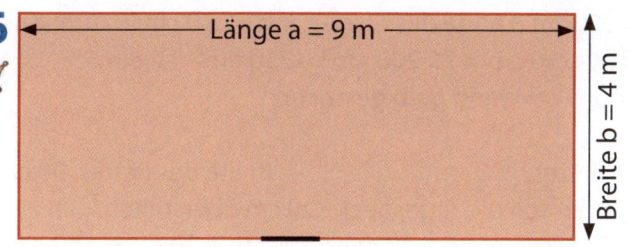

Länge a = 9 m
Breite b = 4 m
Tor = 1 m

a) R: u_{Garten} = 2 · 9 m + 2 · 4 m = 18 m + 8 m = **26 m** (Vorsicht, das
Gartentor ist hier noch nicht berücksichtigt!)
$\longrightarrow$ Gesamtlänge des Zaunes: 26 m – 1 m = **25 m**
Berechnung der Kosten: 1 m Zaun kostet 6 €.
25 · 6 € = **150 €** (Kosten Zaun)
200 € (Tor und Pfosten)
Gesamtkosten: 150 € + 200 € = **350 €**

A: Die Kosten für Zaun, Tor und Zaunpfosten betragen
insgesamt **350 €**.

b) R: Die Pflastersteine haben genau die passende Breite für den
Weg. Du musst noch ausrechnen, wie viele Steine aneinander-
gelegt die Länge von 6 m ergeben.
Umrechnung in cm: 6 m = **600 cm** (Weglänge)
Benötigte Menge der Steine: 600 cm : 40 cm = **15**

A: Es werden **15 Pflastersteine** benötigt.

117 a) An der Skizze kannst du alle Angaben ablesen, die du zum
Rechnen noch benötigst.
R: Hierzu musst du den Flächeninhalt des Bodens ausrechnen.
A_B = 4 m · 3 m = **12 m²**

A: Es werden **12 m² Parkettboden** benötigt.

b) R: Hierzu musst du den Umfang des Bodens berechnen.
u_R = 2 · 4 m + 2 · 3 m = 8 m + 6 m = **14 m**
(Achtung: Hier sind die Türen dabei.)
14 m – 1 m – 1 m = **12 m**

A: Es werden **12 m Fußbodenleiste** benötigt.

c) R: a = 3 m = 300 cm (Länge der Wand)   b = 250 cm (Raumhöhe)
A_R = 300 cm · 250 cm = **75 000 cm²** = 750 dm² = **7,5 m²**

A: Es werden **7,5 m²** Wand gelb gestrichen.

👑 d) R: Länge des Bettes: 200 cm   Breite des Bettes: 90 cm
An allen Seiten soll die Tagesdecke 20 cm überstehen.
Länge der Tagesdecke: a = 20 cm + 200 cm + 20 cm = **240 cm**
Breite der Tagesdecke: b = 20 cm + 90 cm + 20 cm = **130 cm**
A_R = 240 cm · 130 cm = 31 200 cm²   NR: 240 · 130
= **3,12 m²**   240
7200
31200

A: Die Tagesdecke hat eine Größe von **3,12 m²**.

e) R: Blumenkästen können an den **drei Außenseiten** des Balkons
befestigt werden.
Seite 1: 150 cm = **1,5 m**   Seite 2: **3 m**   Seite 3: 150 cm = **1,5 m**
1,5 m + 3 m + 1,5 m = **6 m**

A: Sie benötigt für **6 m** Balkonkästen.

👑 f) R: Sieh dir z. B. die Tür an: 2 cm entsprechen 1 m.
⟶ 1 cm entspricht 50 cm.

A: 1 cm auf der Zeichnung entspricht **50 cm** in der Wirklichkeit.
Die Zeichnung wurde im Maßstab **1 : 50** erstellt.

118 R: 950 cm · 480 cm = 456 000 cm² = 4 560 dm² = **45,6 m²**
Ein Eimer mit 5 Litern dieser Wandfarbe reicht, um 35 m² Wand zu
streichen: 1 Eimer ≙ 35 m²
2 Eimer ≙ 70 m²
⟶ Um 45,60 m² Wand zu streichen, brauchen sie **zwei Farbeimer**.

A: Es müssen **zwei Eimer** mit Wandfarbe gekauft werde.

119 R: Hier sollst du den Flächeninhalt des Zimmers berechnen.
Breite: 350 cm   Länge: 3,75 m = 375 cm
A_R = 350 cm · 375 cm = 131 250 cm² = **13,125 m²**

A: Sein Zimmer hat jetzt **13,125 m²**.

120 R: Hier gibt es zwei Lösungsmöglichkeiten.
1. Möglichkeit: Der Gesamtflächeninhalt der Decke wird berechnet und durch den Flächeninhalt eines Quadrates geteilt. So bekommst du heraus, aus wie vielen Quadraten die Decke bestehen muss.
Breite: 120 cm   Länge: 1,80 m
Flächeninhalt der Decke: $A_R = 120 \text{ cm} \cdot 180 \text{ cm} = \textbf{21 600 cm}^2$
Flächeninhalt eines Quadrates: $A_Q = 20 \text{ cm} \cdot 20 \text{ cm} = \textbf{400 cm}^2$
$21\,600 \text{ cm}^2 : 400 \text{ cm}^2 = \textbf{54}$

2. Möglichkeit: Du überlegst dir, wie viele Quadrate mit der Seitenlänge 20 cm eine Breite von 120 cm und eine Länge von 1,80 m ergeben.
Wie viele Quadrate nebeneinander ergeben die passende Länge der Decke? $180 \text{ cm} : 20 \text{ cm} = \textbf{9}$
Wie viele dieser Reihen mit 9 Quadraten ergeben übereinander die Breite von 120 cm? $120 \text{ cm} : 20 \text{ cm} = \textbf{6}$
$9 \cdot 6 = \textbf{54}$

A: Sandra muss **54 Quadrate** stricken.

121 A: Pauls **Aussage stimmt nicht**. Wir beweisen das an einem Beispiel:
Ein Rechteck hat die Länge a = 5 cm und die Breite b = 3 cm.
$u_R = 2 \cdot 5 \text{ cm} + 2 \cdot 3 \text{ cm} = \textbf{16 cm}$
$A_R = 5 \text{ cm} \cdot 3 \text{ cm} = \textbf{15 cm}^2$
Jetzt verdoppeln wir den Umfang:
$u_R = 2 \cdot 10 \text{ cm} + 2 \cdot 6 \text{ cm} = \textbf{32 cm}$
Wir schauen, was mit dem Flächeninhalt passiert:
$A_R = 10 \text{ cm} \cdot 6 \text{ cm} = \textbf{60 cm}^2$
Der Flächeninhalt ist mehr als doppelt so groß, er hat sich in diesem Fall vervierfacht. **Pauls Aussage ist somit falsch**.

122

hl	l	ml
0,14 hl	**14 l**	**14 000 ml**
100 hl	**10 000 l**	**10 000 000 ml**
0,02500 hl	**2,500 l**	2 500 ml
7 hl	**700 l**	**700 000 ml**
1,56 hl	156 l	**156 000 ml**
2,5 hl	**250 l**	**250 000 ml**

123 R: 8 Freunde und Julian selbst wollen Erdbeerlimo trinken, es sind also 9 Kinder.

9 · 250 ml = 2 250 ml = **2,250 l**

A: Er muss **2,250 l Erdbeerlimo** vorbereiten.

124 R: Marmelade insgesamt: 3 l = 3 000 ml

Ein Marmeladenglas: 200 ml.

3 000 ml : 200 ml = **15**   Rechne so: 3 0̸0̸0̸ ml : 2̸0̸0̸ ml = **15**

A: Sie haben am Ende **15 volle Gläser** mit Kirschmarmelade.

125 R: für Tante Klara: **300 ml (Essig)**

für Bens Arbeitskollegen: 5 · 0,2 l (Essig)   0,2 l = 200 ml

5 · 200 ml = **1 000 ml (Essig)**

für Steffi, Hannah und Judith: 3 · 400 ml (Öl)

3 · 400 ml = **1 200 ml (Öl)**

für Onkel Franz und Oma: 2 · 1 l (Öl)   1 l = 1 000 ml

2 · 1 000 ml = **2 000 ml (Öl)**

Essig gesamt: 300 ml + 1 000 ml = 1 300 ml = **1,300 l**

Öl gesamt: 1 200 ml + 2 000 ml = 3 200 ml   = **3,200 l**

A: Fritz und sein Vater haben insgesamt **1,3 l Essig** und **3,2 l Öl** gekauft.

126 a) Rezept mit doppelter Menge:

$\frac{1}{2}$ l frischgepresster Orangensaft

$\frac{1}{4}$ l Karottensaft

$\frac{1}{4}$ l Mangosaft

2 Bananen

2 Hände voll kernlose Weintrauben

b) R: Für die doppelte Menge Smoothies brauchen sie $\frac{1}{2}$ l Orangensaft. Sie haben **0,5 l** = $\frac{1}{2}$ l zuhause.

A: **Ja**, der Orangensaft reicht auch für das neue Rezept mit der doppelten Menge.

127 a) **Nicht lösbar!** Man weiß nicht, **wie viele Flaschen in einem Kasten** sind.

b) R: $\underline{89 \text{ ct} \cdot 7}$
      623 ct = **6,23 €**

A: Eric bezahlt beim Bäcker **6,23 €**.

c) **Nicht lösbar!** Es fehlt die Information, was die **Süßigkeiten kosten**.

128 a) **Nicht lösbar!** Es fehlen z. B. die Angaben, was der Museumsbesuch oder der Eintritt in die Burg kosten.

b) **Nicht lösbar!** Für b) gibt es überhaupt keine Angaben.

c) R: Einfache Fahrt: 2 h 40 min
      Hin- und Rückfahrt: 2 · (2 h 40 min) = **5 h 20 min**

A: Insgesamt fahren sie **5 h 20 min**.

129 **Nicht lösbar!** Man weiß nicht, wie viele Schüler in die drei Klassen gehen.

130 a)　R:　**32,90 €** (Die öffentlichen Verkehrsmittel sind bereits in den Theaterkarten enthalten.)

　　　A:　Der Restaurantbesuch kostet **32,90 €**.

b)　**Nicht lösbar!** Das Ende der Vorstellung ist nicht bekannt.

c)　R:　Eintrittskarte:　　**x**
　　　Ermäßigte Karte: **x** – 9
　　　x + **x** + **x** – 9 = 66　| + 9
　　　　　　3 · **x** = 75　| : 3
　　　　　　　x = 25
　　　Eintrittskarte:　　25 €
　　　Ermäßigte Karte: 25 € – 9 € = **16 €**
　　A:　Die ermäßigte Karte kostet **16 €**.

131 a)　**Nicht lösbar!** Man weiß nicht, wie schwer z. B. 2 Eier oder ein TL (= Teelöffel) Backpulver sind.

b)　R:　für 2 Kuchen ⟶ sie brauchen 4 Eier
　　　für 1 Kuchen ⟶ sie brauchen 4 Eier : 2 = **2 Eier**
　　　für 9 Kuchen ⟶ 9 · 2 Eier = **18 Eier**

　　　für 2 Kuchen ⟶ 250 g Mehl
　　　für 1 Kuchen ⟶ 250 g : 2 = **125 g Mehl**
　　　für 9 Kuchen ⟶ 9 · 125 g = **1 125 g Mehl**
　　A:　Für 9 Kuchen brauchen sie **18 Eier** und **1 125 g Mehl**.

c)　R:　für 2 Kuchen ⟶ 300 g Zucker
　　　für 1 Kuchen ⟶ 300 g : 2 = **150 g Zucker**
　　　für 9 Kuchen ⟶ 9 · 150 g = 1 350 g = **1,350 kg Zucker**
　　　1 kg < 1,350 kg
　　A:　Nein, 1 kg Zucker **reicht nicht**.

69 Noah braucht für seine Geburtstagsfeier noch je 20 Pappbecher und 20 Pappteller, 10 Lampions, 1 Packung Luftschlangen und Servietten. Er findet im Internet folgendes Angebot:

Party-Special

Für die Lieferung muss er 3 € bezahlen. Insgesamt beträgt die Rechnung 26 €. Wie viele Servietten hat er bestellt?

Tipp: Lies dir noch mal die Hinweise auf Seite 2 zum Lösen einer Textaufgabe durch.

70 Beim Schulfest verkaufte die Klasse 5c Kuchen und Muffins. Ein Stück Kuchen kostete 1 €, ein großer Muffin kostete 2 €. Insgesamt verkauften die Kinder 70 Stücke Kuchen und viele Muffins. Außerdem bekamen sie von Emmas Oma eine Spende von 10 €.
Am Ende zählten die Kinder ihr eingenommenes und gespendetes Geld zusammen: 160 Euro!
Wie viele Muffins haben sie verkauft?

Brüche

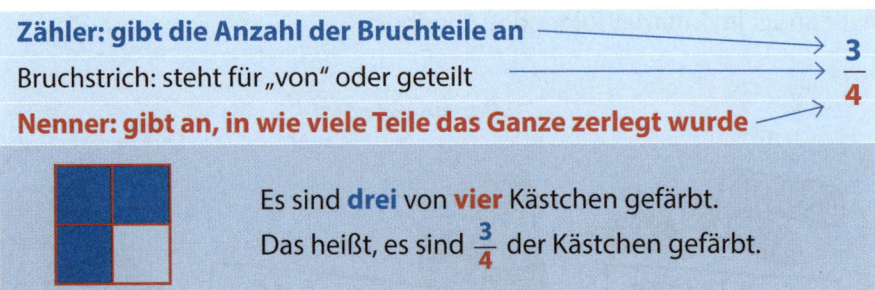

Zähler: gibt die Anzahl der Bruchteile an

Bruchstrich: steht für „von" oder geteilt

$\dfrac{3}{4}$

Nenner: gibt an, in wie viele Teile das Ganze zerlegt wurde

Es sind **drei** von **vier** Kästchen gefärbt.

Das heißt, es sind $\dfrac{3}{4}$ der Kästchen gefärbt.

71 Kannst du Antonio bei seiner Mathe-Hausaufgabe helfen?
Wie groß ist jeweils der blau markierte Bruchteil?

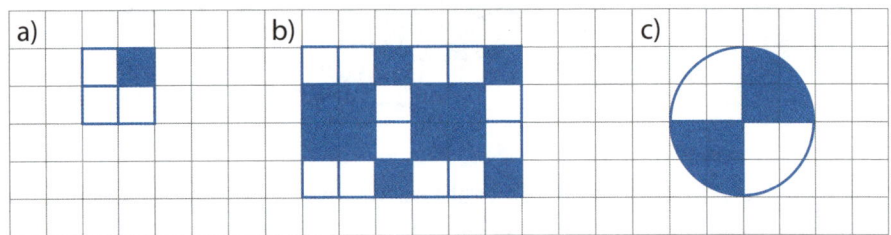

a)   b)   c)

d)   e)   f)

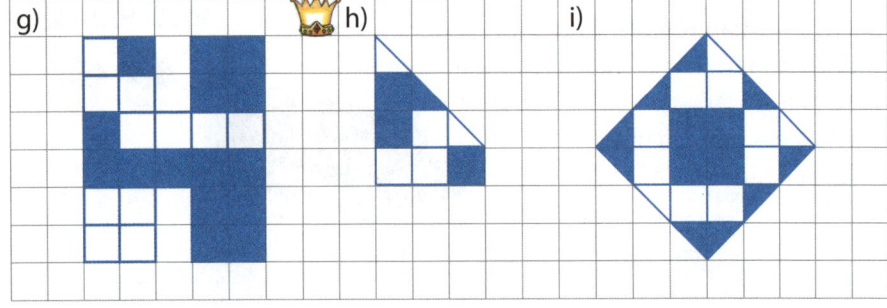

g)   h)   i)

72 Markiere die angegebenen Bruchteile farbig!

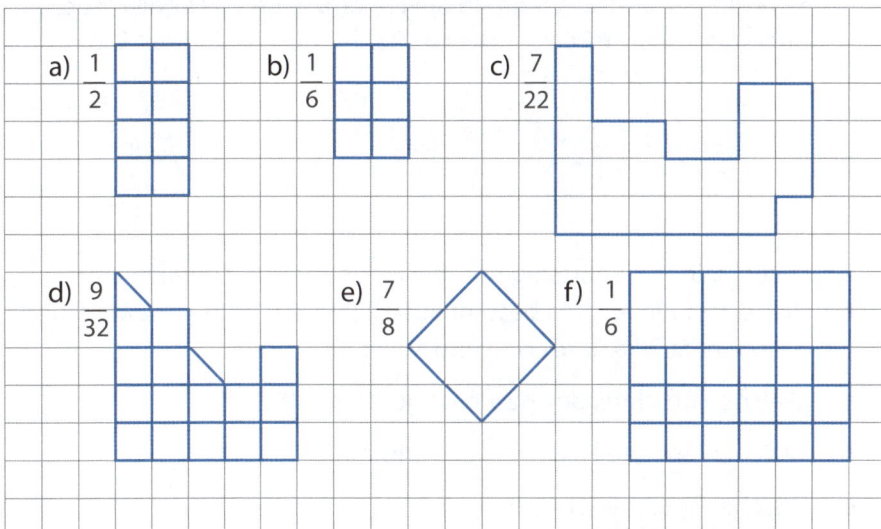

a) $\dfrac{1}{2}$ b) $\dfrac{1}{6}$ c) $\dfrac{7}{22}$

d) $\dfrac{9}{32}$ e) $\dfrac{7}{8}$ f) $\dfrac{1}{6}$

73 Gib die einzelnen Bruchteile an!

a) Die Pizza bestand aus acht Stücken.
    Drei Stücke wurden bereits gegessen.
    Welcher Bruchteil der Pizza
    wurde verspeist?

Skizzen helfen dir auch bei den nächsten Aufgaben.

b) Leon hat neun von seinen 16 Apfelstücken gegessen.
    Welchen Bruchteil der Apfelstücke hat er gegessen?

c) Emily verschenkt von ihren 32 Bonbons vier an Pia und neun an Felix.
    Welchen Bruchteil der Bonbons verschenkt sie insgesamt?

d) Tante Moni schneidet den Erdbeerkuchen in zwölf Stücke.
    Drei Stücke isst Onkel Franz, zwei Stücke Charly und ein Stück Janine.
    Welchen Bruchteil des Kuchens isst jede Person?

e) In der Klasse 5a (21 Schüler) tragen sechs Schüler eine Brille.
    Welcher Bruchteil der Schüler trägt keine Brille?

Haben Brüche die **gleiche Zahl im Nenner** stehen, heißen sie **gleichnamige** Brüche. Wenn du gleichnamige Brüche addierst oder subtrahierst, dann addierst oder subtrahierst du die **Zähler**. Der Nenner bleibt unverändert.

$$\frac{1}{4} + \frac{1}{4} = \frac{2}{4} \qquad\qquad \frac{4}{5} - \frac{1}{5} = \frac{3}{5}$$

74 Elias feiert seinen Geburtstag mit drei Freunden. Sie bestellen zwei Familienpizzen. Jede Pizza besteht aus 12 Stücken. Elias isst zwei Stücke. Björn isst vier Stücke, Tarek drei und Max fünf Stücke.

a) Welchen Bruchteil der Pizzen isst jedes Kind?

b) Welchen Bruchteil essen sie zusammen?

c) Welcher Bruchteil ist noch übrig?

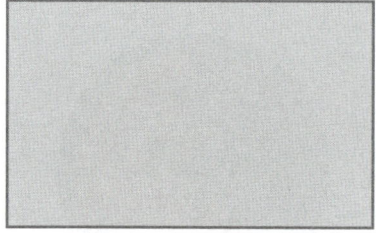 

Tipp: Zeichne in die Pizza-Skizzen Schnitte ein, sodass jeweils 12 Stücke entstehen.

75 In einer Packung Bratwürste sind 6 Stück. Familie Berger legt zwei Packungen Würste auf ihren Grill. Papa isst vier Würste, Mama zwei, Andrea eine und Jonas drei.

a) Welcher Bruchteil ist noch auf dem Grill?

b) Hund Bello stibitzt sich ein Würstchen vom Grill. Kann der Opa noch $\frac{2}{12}$ essen?

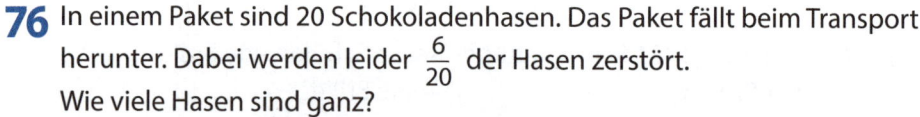

76 In einem Paket sind 20 Schokoladenhasen. Das Paket fällt beim Transport herunter. Dabei werden leider $\frac{6}{20}$ der Hasen zerstört. Wie viele Hasen sind ganz?

Größen – **Geld**

1 € = 100 ct	1 ct = 0,01 €

Die Umrechnungszahl ist **100**.

Geldbeträge werden meistens in **Kommaschreibweise** dargestellt.

	Rechne so:
1,49 € = 1 € 49 ct = 149 ct $\longrightarrow$	$1,49 \cdot 100 = 149$
69 ct = 0 € 69 ct = **0,69 €** $\longrightarrow$	$69 : 100 = 0,69$

77 Wandle die Geldbeträge jeweils um. Ergänze die Tabelle.

Kommaschreibweise (€)	Euro und Cent (€ und ct)	Cent (ct)
1,99 €	**1 € 99 ct**	**199 ct**
2,79 €		
	3 € 80 ct	
		400 ct
0,51 €		
		3 ct

78 Dominik möchte sich von einem Teil seines Taschengeldes Süßigkeiten kaufen. Er kauft sich 2 Riesenschlangen zu je 30 Cent, einen Brauselutscher zu 40 Cent und 9 saure Pommes zu je 5 Cent.
Wie viel Euro muss er bezahlen? (Schreibe in Kommaschreibweise!)

79 Andrea möchte eine Freundin, die gerade weggezogen ist, überraschen. Sie möchte ihr ihre Lieblingszeitschrift und 3 Packungen Gummibärchen schicken. Eine Packung Gummibärchen kostet 79 Cent, die Zeitschrift 2,99 € und das Porto 3,95 €. Das Verpackungsmaterial haben ihre Eltern zuhause.
Wie viel kostet die Überraschung? Gib das Ergebnis in Euro (€) an.

80 Frau und Herr Becker gehen mit ihren zwei Kindern ins Kino. Sie kaufen für die Vorstellung noch eine Jumbo-Packung Popcorn, einmal Nachos für den Papa und eine Jumbo-Fanta. Wie viel müssen sie insgesamt bezahlen?

Kino-Snack

	klein	mittel	Jumbo
Popcorn	2,50 €	3,50 €	5,50 €
Wasser	2,00 €	2,50 €	3,50 €
Fanta	2,50 €	3,50 €	5,00 €

Gummibärchen: 2,50 €

Nachos: 3,50 €   Chips: 2,50 €

Eintrittspreise:

Erwachsene:	8 €
Kinder/Schüler/Studenten:	6 €

KINO

81 Emma geht mit einem 10-Euro-Schein zum Bäcker, um für ihre Familie zum Frühstück einzukaufen. Sie kauft 4 Kaiserbrötchen, 4 Brezeln, 2 Mohnbrötchen, 2 Vollkornbrötchen und 2 Croissants. Reicht ihr Geld?

Baguette	2,30 €	Vollkornbrötchen	0,79 €
Kaiserbrötchen	0,42 €	Kürbiskernbrötchen	0,69 €
Sesam-/Mohnbrötchen	0,53 €	Croissant	1,10 €
Laugenstange	0,70 €	Rosinenbrötchen	0,90 €
Brezel	0,67 €		

82 Die Klasse 5c geht am Wandertag ins Museum. Der Eintritt kostet pro Kind 2,50 €. Die Lehrerin hat die eingesammelten Münzen und Scheine für den Eintritt der Kinder in einer Strichliste aufgeschrieben:

Scheine/Münzen	10 €	5 €	2 €	50 ct	20 ct	10 ct	5 ct
Anzahl	III	IIII	卌 卌 II	IIII	卌 IIII	卌 卌 IIII	卌 卌 卌 I
Summe	**30 €**						

a)   Wie viel Geld hat die Lehrerin insgesamt eingesammelt?

b)   Wie viele Kinder haben den Eintritt bezahlt?

Bei den folgenden Aufgaben kommst du in drei Schritten zum Ergebnis. Eine 3-spaltige Tabelle hilft dir.

83 Jens kauft seiner Mama zum Geburtstag Pralinen. Die Pralinen wiegen 380 g. 50 g Pralinen kosten 200 Cent. Wie viel Euro muss er bezahlen?

Preis für 50 g —:50→	Preis für 1 g —·380→	Preis für 380 g
200 ct —:50→	**4 ct** —·380→	ct

84 Jens geht in das Feinkostgeschäft „Delikat" und kauft dort für die Geburtstagsfeier seiner Mutter Lebensmittel ein.

a) Jens kauft 420 g Humus. Wie viel Euro muss er dafür bezahlen?

Preis für 100 g	Preis für 1 g	Preis für _____

Tipp: Wandle 3 € in Cent um!

b) Außerdem kauft er noch 389 g vom Frischkäse.
    Wie viel Euro muss er für den Frischkäse bezahlen?

_____	_____	_____

 c) Er nimmt auch noch 760 g Oliven. Wie viel € bezahlt er für die Oliven?

Tipp: 1 kg = 1000 g. Wandle kg in g und € in ct um. Zeichne dir selbst eine Tabelle.

Gewichte

1 t (Tonne) = 1000 kg (Kilogramm)	1 kg = 0,001 t
1 kg = 1000 g (Gramm)	1 g = 0,001 kg
1 g = 1000 mg (Milligramm)	1 mg = 0,001 g
Die Umrechnungszahl ist **1 000**.	
	Rechne so:
3,4 t = 3 400 kg ⟶	3,4 · **1 000** = 3 400
53 kg = 53 000 g ⟶	53 · **1 000** = 53 000
69 g = 69 000 mg ⟶	69 · **1 000** = 69 000
10 320 mg = 10,32 g ⟶	10 320 : **1 000** = 10,32
Die Nullen hinter dem Komma am Ende werden weggelassen.	

85 Wandle um.

t (Tonne)	kg (Kilogramm)	g (Gramm)	mg (Milligramm)
3 t	**3 000 kg**	**3 000 000 g**	**3 000 000 000 mg**
4 t			
0,6 t			
		43 000 g	
			12 000 000 000 mg

86 In der Adventszeit isst Jens pro Tag 3 Plätzchen. Ein Plätzchen wiegt 12 g. Wie viel g Plätzchen isst er in diesen 24 Tagen?

87 In einer Stunde wird 1 Tonne Gummibärchen produziert. Eine Packung wiegt 200 g. Wie viele Packungen Gummibärchen werden pro Stunde produziert?

88 Die Franz von Kohlbrenner Mittelschule erhält täglich, von Montag bis Freitag, Schulobst. Jeden Tag bekommen die Schüler 8 kg Äpfel und 1 300 g Karotten. Ein Schuljahr besteht aus 40 Schulwochen.

a) Wie viel t Äpfel und Karotten zusammen erhält die Schule im Jahr?

b) Die Schule erhält insgesamt 3,5 t Obst und Gemüse im Jahr. Zu den Äpfeln und Karotten bekommen sie im Jahr noch 200 kg Weintrauben und 650 kg Gurken. Den Rest bekommen sie in Mandarinen. Wie viel kg Mandarinen bekommen sie im Jahr?

89 Eine italienische Familie erntet jedes Jahr so viele Äpfel, dass 1 400 Netze zu je 1 000 g gefüllt werden können. Wie viele Tonnen Äpfel erntet die Familie pro Jahr?

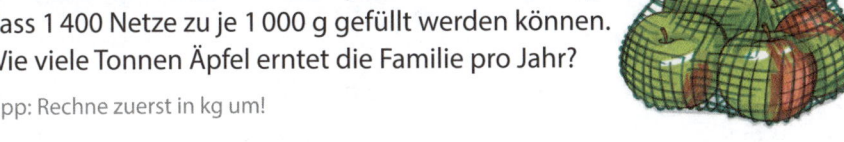

Tipp: Rechne zuerst in kg um!

90 Die Klasse 5a bereitet für den Tag der offenen Tür einen Obstsalat vor. Nachdem die Schüler das Obst geschält und vom Kernhaus befreit haben, bleiben ihnen noch folgende Mengen: 6,5 kg Äpfel, 3 kg Birnen, 2 kg Orangen, 2 kg Bananen, 1 kg Kiwis und 3,5 kg Erdbeeren. Eine Portion Obstsalat wiegt 300 g und kostet 3,50 €. Wie viel Geld können sie einnehmen, wenn sie alle Portionen verkaufen?

Zeit

1 d (Tag) = 24 Stunden	**englische Abkürzungen:**
1 h (Stunde) = 60 Minuten	d = day h = hour
1 min (Minute) = 60 s (Sekunden)	min = minute s = second

Hier gibt es **keine einheitliche** Umrechnungszahl.

		Rechne so:
2 d = 48 h	⟶	2 · **24** = 48
4 min 10 s = 250 s	⟶	4 · **60** + 10 = 250
305 s = 5 min 5 s	⟶	305 : **60** = 5 Rest 5

91 Wandle um. Rechne, wenn nötig, auf deinem Block.

a) 168 h = _____ d   b) 360 min = _____ h

c) 420 s = _____ min   d) 440 s = _____ min _____ s

e) 12 h 30 min = _____ min   f) 3 h 12 min 57 s = _____ s

92 Wie viel Zeit ist vergangen? Schreibe in Stunden und Minuten auf den Pfeil.

           + _____ min   + ___ h _____ min

93 Petra spielt mit ihren Freundinnen draußen. Sie verlässt das Haus um 14:10 Uhr und kommt um 18:05 Uhr wieder nach Hause. Wie lange hat sie draußen gespielt? Ergänze schrittweise!

14:10 Uhr ⟶ 15:00 Uhr

15:00 Uhr ⟶ 18:00 Uhr

18:00 Uhr ⟶ **18:05 Uhr**

14:10 Uhr ⟶ **18:05 Uhr**

94 Boris, Jessica und Jens streiten sich, wer die 800 m am schnellsten gelaufen ist. Boris hat 3 min und 20 s gebraucht, Jessica 320 s und Jens' Zeit wurde in zwei Teilen gestoppt: Er hat 2 min 40 s und 1 min 5 s gebraucht.
Stelle eine Reihenfolge auf: Beginne mit dem Schnellsten!

95 Philipp freut sich schon sehr auf die nächsten Ferien, denn da darf er endlich seinen Papa besuchen.

a) Er will die Zeit berechnen, wie lange es noch dauert, bis er seinen Papa wiedersehen kann. Heute ist Samstag und es ist gerade 11:06 Uhr. Sein Papa holt ihn am nächsten Freitag direkt bei Zugankunft um 18:02 Uhr vom Bahnhof ab!
Schreibe das Ergebnis in gemischten Einheiten (d - h - min).

b) Er verlässt am Freitag sein Zuhause um 13:50 Uhr. 23 Minuten später fährt der Zug. Wie lange dauert die Zugfahrt zu seinem Papa?

Unsere Erde ist in verschiedene Zeitzonen eingeteilt. Mit jeder Zeitzone verschiebt sich die Uhrzeit – nach vorne oder nach hinten.

Wenn es in Berlin 9 Uhr ist, dann ist es in New York erst 3:00 Uhr, in Kabul aber schon 11:30 Uhr. (Zeitverschiebung von Berlin aus gerechnet)

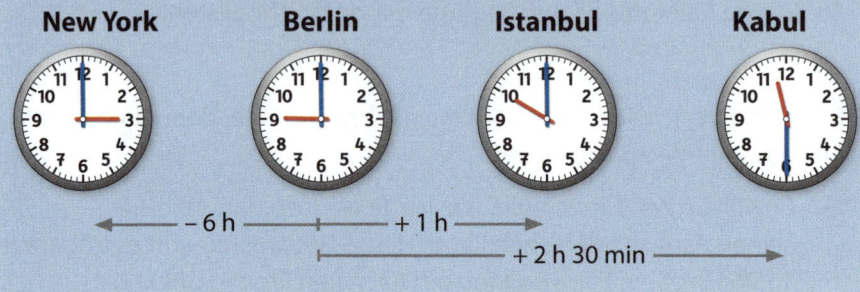

96 a)   Wie viel Uhr ist es in ...? Ergänze die Tabelle.

Tipp: Die Zeitverschiebung wird hier jeweils von Berlin (Sommerzeit) aus angegeben.

New York – 6 h	Buenos Aires – 5 h	**Berlin +0 h**	Istanbul +1 h	Kabul +2 h 30 min	Sydney +8 h
03:00 Uhr	**04:00 Uhr**	**09:00 Uhr**	**10:00 Uhr**	**11:30 Uhr**	**17:00 Uhr**
		08:20 Uhr			
			12:57 Uhr		
	06:04 Uhr				
11:12 Uhr					

b)   Als Ercan um 17:05 Uhr von Istanbul aus seine Tante Leyla anruft, meldet sie sich verschlafen und sagt: „Ercan, du hast mich geweckt. Hier ist es kurz nach Mitternacht!"
In welcher Stadt aus der Tabelle von Aufgabe **96** a) könnte die Tante leben?

c)   Herr Ariz fliegt von Kabul nach Istanbul. Sein Flieger startet um 16:30 Uhr und der Flug dauert 6 Stunden. Wie viel Uhr ist es bei der Landung in Istanbul?

97 Jessica steht an der U-Bahn-Station der Silberhornstraße und sieht sich
den Fahrplan an:

Fahrzeiten ab Silberhornstraße

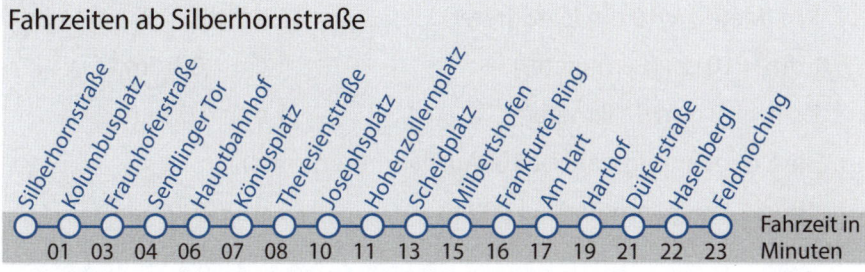

Tipp: Silberhornstraße bis Kolumbusplatz: 1 min; Silberhornstraße bis Königsplatz: 7 min

Abfahrtszeiten ab Silberhornstraße

Uhr	Montag – Freitag											Uhr
4	23											4
5	12	32	42	52								5
6	02	12	22	32	42	48	52	58				6
7	02	08	18	22	28	32	38	42	48	52	58	7
8	02	08	18	22	28	32	38	42	48	52	58	8
9	02	08	18	22	28	32	37	42	47	52	57	9

Tipp: Am Rand stehen die vollen Stunden; dazwischen folgen die Minuten. Zusammen
ergeben sich daraus jeweils die Abfahrtszeiten: z. B. 7:02 Uhr; 9:52 Uhr.

a) Wann fährt am Montag die erste U-Bahn?

b) Wie viele U-Bahnen fahren am Dienstag zwischen 8 Uhr und 9 Uhr
von der Silberhornstraße nach Feldmoching?

c) Jessica erreicht die U-Bahnstation um 8:03 Uhr. Welche U-Bahn
kann sie nach Fahrplan nehmen, wenn sie die nächste U-Bahn
nehmen möchte?

d) Lorenz steigt um 9:18 Uhr in der Silberhornstraße in die U-Bahn.
Um welche Uhrzeit kommt er am Harthof an?

e) Wie lange dauert eine Fahrt vom Scheidplatz zum Hasenbergl?

f) Wie lange dauert eine Fahrt vom Hauptbahnhof nach Feldmoching?

Längen

1 m (Meter) = 10 dm (Dezimeter)	1 dm = 0,1 m
1 dm = 10 cm (Zentimeter)	1 cm = 0,1 dm
1 cm = 10 mm (Millimeter)	1 mm = 0,1 cm
Die Umrechnungszahl ist **10** (Ausnahme: km – m!).	
Aber: 1 km (Kilometer) = 1 000 m	1 m = 0,001 km
	Rechne so:
13 cm = 130 mm $\longrightarrow$	$13 \cdot \mathbf{10} = 130$
17 dm = 1,7 m $\longrightarrow$	$17 : \mathbf{10} = 1,7$
2 345 m = 2,345 km $\longrightarrow$	$2\,345 : \mathbf{1\,000} = 2,345$
5,25 km = 5 250 m $\longrightarrow$	$5,25 \cdot \mathbf{1\,000} = 5\,250$

98 Vervollständige die Tabelle.

km	m	dm	cm	mm
0,1 km	**100 m**	**1 000 dm**	**10 000 cm**	**100 000 mm**
12 km				12 000 000 mm
			280 cm	
		15 dm		
			137 cm	
	27 m			

99 Luna, Tim, Ella und Esi veranstalten ein Wettspringen. Luna springt 2,50 m, Tim schafft 23 dm, Ella 150 cm und Esi erreicht 2 m 80 cm. Wer ist der Sieger?

100 Simone denkt sich für ihre Schwester Nicole folgendes Rätsel aus:
In einem Baumarkt liegen Bretter mit unterschiedlicher Länge zum
Verkauf bereit. Ein Brett ist 4,20 m, eines 4,10 m und 9 dm, eines 41,5 dm,
ein anderes 430 cm und das letzte Brett ist 3 900 mm lang.
Nicole soll die Bretter jetzt der Größe nach sortieren und mit dem
kürzesten Brett beginnen. Du kannst ihr bestimmt helfen.

Tipp: Rechne alle Längen in Zentimeter um.

101 Tobias fährt von Montag bis Freitag jeden Tag 1,5 km mit dem Rad zur
S-Bahn-Haltestelle und wieder zurück nach Hause. Sein Freund läuft
von Montag bis Donnerstag je 1 730 m zur S-Bahn-Haltestelle und
wieder zurück. Am Freitag fährt ihn sein Opa mit dem Auto zur
S-Bahn-Haltestelle.
Wer hat in einer Woche die längere Wegstrecke
zu Fuß oder mit dem Fahrrad zurückgelegt?

102 Die Schüler der Klasse 5a machen einen
Schulausflug in die Berge. Die Talstation
(Ausgangspunkt) liegt auf 830 Meter.
Der Gipfel ist 1 762 Meter hoch.
Wie viele Höhenmeter müssen die
Schüler aufsteigen?

Höhenmeter geben den Unterschied zwischen der Höhe des Endpunkts und des Startpunkts an.
450 m
150 m
300 m

103 Die Mitglieder des Sportvereins treffen sich jede Woche zum Laufen.
Team 1 läuft dreimal wöchentlich je 5,80 km, Team 2 läuft viermal
wöchentlich je 5 900 m, Team 3 läuft dreimal in der Woche je 8,90 km und
Team 4 läuft nur zweimal die Woche je 8 800 m.

a) Wie weit laufen die jeweiligen Teams jede Woche?
   Gib die Ergebnisse in Kilometern an.

b) Welches Team läuft die meisten Kilometer?

Maßstab

Man braucht den Maßstab, um etwas kleiner oder größer darstellen zu können als in der Wirklichkeit.

Ein Maßstab **1:4** bedeutet, dass etwas 4-fach verkleinert wird:

1 cm im Bild entsprechen 1 cm · 4 = **4 cm** in der Wirklichkeit.
2 cm im Bild entsprechen 2 cm · 4 = **8 cm** in der Wirklichkeit.
5 cm im Bild entsprechen 5 cm · 4 = **20 cm** in der Wirklichkeit.

Buntstift im Maßstab 1:4 verkleinert (Bild)

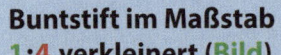 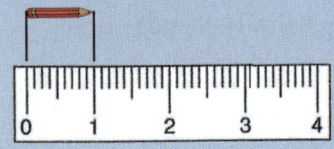

Buntstift in Wirklichkeit

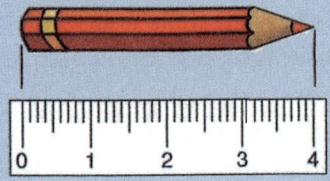

Ein Maßstab **2:1** bedeutet, dass etwas 2-fach vergrößert wird.

2 cm im Bild entsprechen 2 cm : 2 = **1 cm** in der Wirklichkeit.
6 cm im Bild entsprechen 6 cm : 2 = **3 cm** in der Wirklichkeit.

Büroklammer im Maßstab 2:1 vergrößert (Bild)

Büroklammer in Wirklichkeit

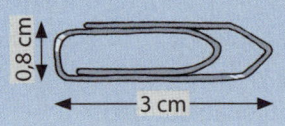

104 Folgendes **Rechteck** ist gegeben (= Wirklichkeit):

a) Zeichne das Rechteck im Maßstab 1:3.
b) Zeichne das Rechteck im Maßstab 2:1.

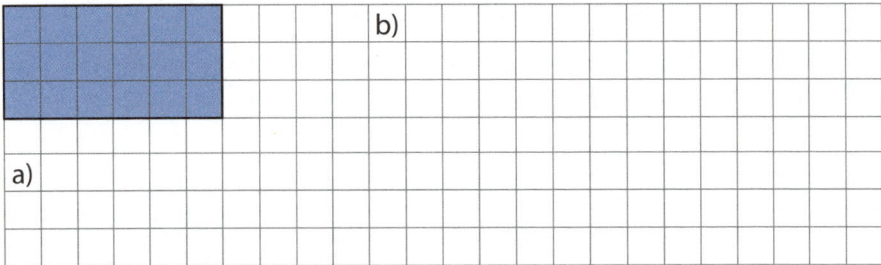

Wichtig: Länge **und** Breite werden verändert.

05 Tarek steht vor dem Modellautoregal und fragt sich, was die Aufschrift
1:25 auf dem Karton des VW-Buses bedeutet.

a) Erkläre, was diese Aufschrift bedeutet.

b) Der Modellbus ist 17 cm lang. Wie lang ist der VW-Bus in Wirklichkeit?

06 Im Museum ist eine Libelle im Maßstab 3:1 abgebildet. Die Libelle ist
auf der Zeichnung 15 cm lang. Pia und Antonio berechnen, wie lang sie in
Wirklichkeit ist.
Pia kommt auf folgendes Ergebnis: 45 cm
Antonio kommt auf dieses Ergebnis: 5 cm
Wer hat Recht? Begründe deine Antwort!

07 Lilly möchte herausfinden, in welchem
Maßstab ihr Modellsegelboot gebaut
wurde. Ihr Modell ist 20 cm lang.
In Wirklichkeit hat das Segelboot
eine Länge von 10 m.
Du kannst ihr bestimmt helfen!

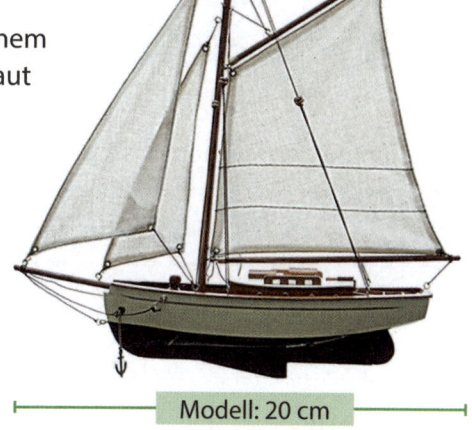

Hinweis:
Du kannst keine
Informationen
aus dem Bild abmessen!

Modell: 20 cm

Wirklichkeit: 10 m

08 Emily, Elias und Eren wollen zusammen in den Ferien eine Radtour
machen. Auf der Karte beträgt ihre ausgesuchte Route 25 cm. Die Karte
hat den Maßstab 1:100 000.

a) Wie viele km beträgt ihre Radtour in Wirklichkeit?

b) Wie viele cm hat ihre Radtour auf einer Karte im Maßstab 1:25 000?

Flächeninhalte

1 m² (Quadratmeter)	= 100 dm²	1 dm² = 0,01 m²
1 dm² (Quadratdezimeter)	= 100 cm²	1 cm² = 0,01 dm²
1 cm² (Quadratzentimeter)	= 100 mm²	1 mm² = 0,01 cm²

1 cm² steht für eine quadratische Fläche mit einer Seitenlänge von 1 cm. Die Fläche entspricht einer Fläche von 100 mm² (Quadratmillimeter).

1 cm²= ▮ = 100 mm² = ▦ = 4 Kästchen im Rechenheft ⊞

Die Umrechnungszahl ist **100**.

29 cm² = 2 900 mm²	⟶	29 · **100** = 2 900
12 dm² = 0,12 m²	⟶	12 : **100** = 0,12
4,7 m² = 470 dm²	⟶	4,7 · **100** = 470

109 Bestimme den Flächeninhalt der folgenden Figuren in cm² und in mm².

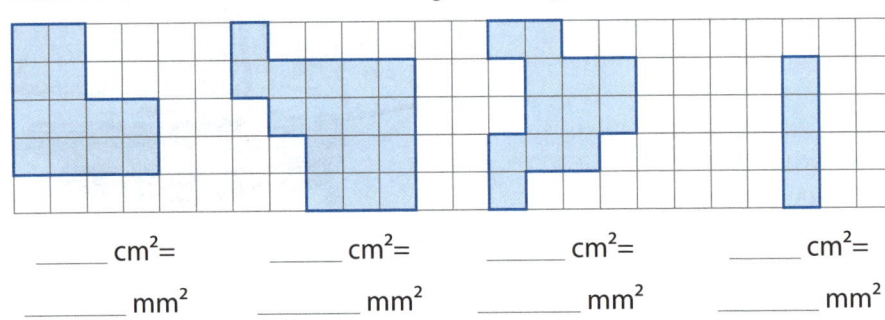

_____ cm² =   _____ cm² =   _____ cm² =   _____ cm² =

_____ mm²   _____ mm²   _____ mm²   _____ mm²

110 Rechne die angegebenen Flächeneinheiten in die anderen um.

m²	dm²	cm²	mm²
0,01 m²	**1 dm²**	**100 cm²**	**10 000 mm²**
5 m²			
			1 326 mm²
		90 cm²	

Umfang und Flächeninhalt berechnen

Stell dir einen Garten mit einem Gartenzaun rundherum vor. Der **Gartenzaun** ist der **Umfang** des Grundstückes und die **Wiese** ist der **Flächeninhalt**.

Die Addition aller Seitenlängen einer geometrischen Figur ist der Umfang (u) dieser Figur.

 b

Umfang eines Rechtecks

$$u_R = a + b + a + b = 2 \cdot a + 2 \cdot b$$

Flächeninhalt eines Rechtecks

$$A_R = a \cdot b$$

a

a = 4 cm; b = 2 cm: $u_R = 2 \cdot 4\,\text{cm} + 2 \cdot 2\,\text{cm} = 8\,\text{cm} + 4\,\text{cm} = 12\,\text{cm}$

$A_R = 4\,\text{cm} \cdot 2\,\text{cm} = 8\,\text{cm}^2$

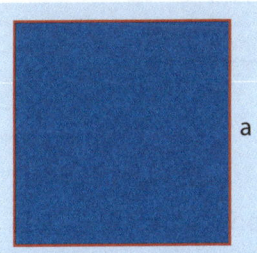 a

Umfang eines Quadrats

$$u_Q = a + a + a + a = 4 \cdot a$$

Flächeninhalt eines Quadrats

$$A_Q = a \cdot a$$

a

a = 3 cm: $u_Q = 4 \cdot 3\,\text{cm} = 12\,\text{cm}$

$A_Q = 3\,\text{cm} \cdot 3\,\text{cm} = 9\,\text{cm}^2$

111 Die 5. Klassen veranstalten beim Sportfest ein Skateboardrennen. Für die Strecke muss ein Rechteck mit den Maßen 35 m Länge und 5 m Breite abgesteckt werden. Berechne zum Festbinden 2 m Absperrband mehr.

Wie viele Meter Absperrband benötigen sie dafür?

112 Die Schüler der Klasse 5b wollen die hintere Wand ihres Klassenzimmers farbig streichen. Sie wissen aus einer Internetrecherche, dass ein Liter Farbe für 5 m² reicht.

a) Die Wand ist 7 m lang und 3 m hoch. Wie groß ist die Wandfläche?

b) Reicht ihnen ein Eimer mit 5 Litern Wandfarbe aus?

113 Berechne den Umfang und den Flächeninhalt der folgenden Figuren in cm². Die nötigen Angaben kannst du durch Abmessen entnehmen.

Tipp: Zerlege die Figur in einzelne Rechtecke, so kannst du den Flächeninhalt berechnen.

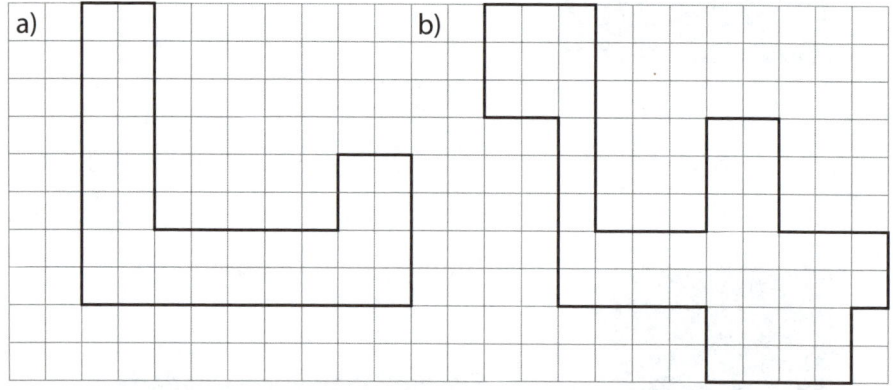

114 Eine rechteckige Wiese hat einen Flächeninhalt von 2 400 m². Wie breit und wie lang könnte die Wiese sein, wenn keine Seite kürzer als 20 m ist? Zum Beispiel: 20 m breit und 120 m lang: **20 m · 120 m = 2 400 m²** Gib drei weitere Möglichkeiten an.

115 Sabine und Stefan wollen ein Auslaufgehege für ihre beiden Meer-
schweinchen Purzel und Stupsi bauen. Beide zeichnen zuerst eine Skizze.

Sabines Skizze:

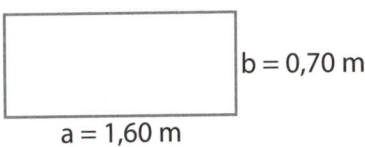

$b = 0{,}70$ m

$a = 1{,}60$ m

Stefans Skizze:

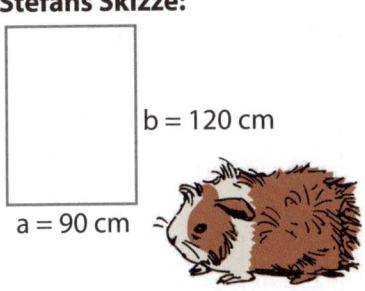

$b = 120$ cm

$a = 90$ cm

Purzel und Stupsi sollen das Auslaufgehege mit dem größten Flächenin-
halt bekommen. Nur welches der beiden ist das?

Begründe deine Wahl durch zwei Rechnungen.

116 Um den Schulgarten zu schützen, baut die Klasse 5a einen Maschendraht-
zaun um diesen Garten. Der Garten hat eine Länge von 9 m und eine
Breite von 4 m. Das Gartentor hat eine Breite von 1 m und an dieser Stelle
muss kein Zaun gebaut werden. Tipp: Mach dir eine Skizze.

a) Pro Meter Maschendrahtzaun zahlt man 6 €. Wie hoch sind die Kosten
insgesamt, wenn das Tor und die Pfosten insgesamt 200 € kosten?

b) Nach dem Bau des Zaunes möchten die Schüler noch einen Weg
vom Hauptweg zum Gartentor des Schulgartens pflastern. Die zu
pflasternde Länge vom Hauptweg zum Tor beträgt 6 m. Der Weg soll
60 cm breit werden. Ein Pflasterstein ist 40 cm breit und 60 cm lang.
Wie viele Steine werden benötigt?

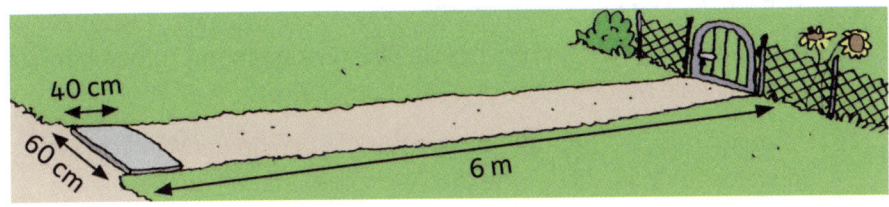

117 Julias Zimmer wird renoviert.

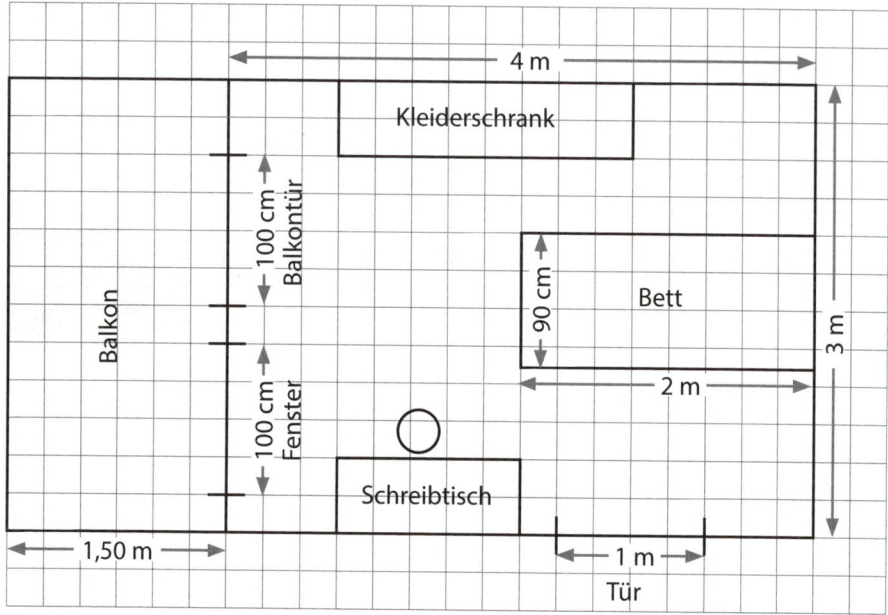

Raumhöhe: 250 cm

a) Berechne die benötigten m² Parkettboden für das ganze Zimmer.

b) Wie viele Meter Fußbodenleiste werden benötigt?
Wichtig: An den Türen wird keine Fußbodenleiste verlegt.

c) Die Wand beim Bett soll gelb gestrichen werden.
Wie viele m² müssen gestrichen werden?

d) Von ihrer Oma bekommt Julia eine Tagesdecke für das Bett genäht.
Diese soll an allen vier Seiten des Bettes 20 cm überstehen.
Wie viel m² hat diese Tagesdecke?

e) An ihr Balkongeländer möchte sie Blumenkästen mit Tulpen hängen.
Für wie viele Meter benötigt sie Balkonkästen?

f) 1 cm auf der Zeichnung entspricht _____ cm in der Wirklichkeit.
In welchem Maßstab wurde die Zeichnung erstellt?

18 Die Klassen 5a und 5b dürfen die große Wand in der Aula mit einem Graffiti verschönern. Davor muss die Wand allerdings mit weißer Wandfarbe grundiert werden. Die freie Wand in der Aula ist 950 cm lang und 480 cm hoch. Ein Eimer mit 5 Liter Wandfarbe reicht für ca. 35 m^2.

Wie viele Eimer Wandfarbe müssen gekauft werden?

19 Andreas ist mit seinen Eltern in eine neue Wohnung gezogen. Sein neues Zimmer ist 350 cm breit und 3,75 m lang.
Wie viel Quadratmeter hat sein Zimmer jetzt?

Tipp: Wandle zuerst alle Längenangaben in cm um und berechne den Flächeninhalt des Zimmers zunächst in cm^2. Wandle dann in m^2 um.

20 Sandra strickt eine Decke aus einzelnen farbigen Quadraten mit der Seitenlänge 20 cm. Die Decke soll 120 cm breit und 1,80 m lang werden. Wie viel Quadrate muss sie stricken? Die Zeichnung hilft dir.

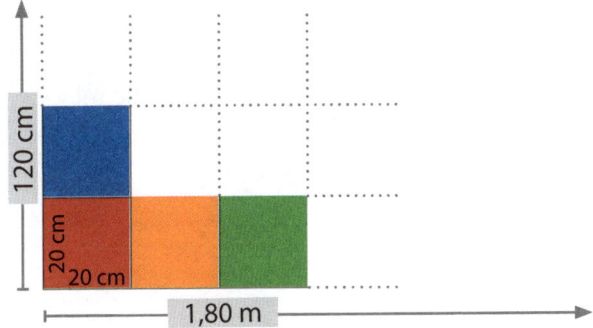

21 Paul behauptet: „Verdopple ich den Umfang, dann verdoppelt sich auch immer der Flächeninhalt!" Stimmt diese Aussage?
Finde ein Beispiel, welches dafür oder dagegen spricht.

Rauminhalte

1 hl (Hektoliter) = 100 l (Liter)	1 l = 0,01 hl
1 l = 1 000 ml (Milliliter)	1 ml = 0,001l
$\frac{1}{2}$ l = 500 ml $\frac{1}{4}$ l = 250 ml $\frac{1}{8}$ l = 125 ml	

		Rechne so:
240 hl = 24 000 l	$\longrightarrow$	240 · **100** = 24 000
32 l = 0,32 hl	$\longrightarrow$	32 : **100** = 0,32
4 500 ml = 4,5 l	$\longrightarrow$	4 500 : **1 000** = 4,5
7 l = 7 000 ml	$\longrightarrow$	7 · **1 000** = 7 000

122 Rechne die angegebenen Rauminhalte in die anderen Rauminhalte um.

hl	l	ml
0,14 hl	**14 l**	**14 000 ml**
100 hl		
		2 500 ml
7 hl		
	156 l	
2,5 hl		

123 Julian feiert seinen Geburtstag zusammen mit acht Freunden, deshalb möchte er Erdbeerlimo machen. Pro Kind rechnet er ein Glas Erdbeerlimo mit 250 ml.
Wie viele Liter Limo muss er vorbereiten?

124 Josefine hat mit ihrer Oma 3 Liter Kirschmarmelade gemacht. Sie füllen die Marmelade in Gläser mit je 200 ml ab.
Wie viele volle Gläser Kirschmarmelade haben sie am Ende?

25 Fritz geht mit seinem Vater Weihnachtsgeschenke einkaufen. Im Bioladen kann man Essig und Öl vom Fass kaufen. Mama hat ihnen folgende Mengen aufgeschrieben:

1 Flasche Essig mit 300 ml für Tante Klara

5 Flaschen Essig mit je 0,2 l für Bens Arbeitskollegen

3 Flaschen Öl mit je 400 ml für Steffi, Hannah und Judith

2 Flaschen Öl mit je 1 l für Onkel Franz und Oma

Fritz fragt sich, wie viel Liter Essig und wie viel Liter Öl sie jetzt jeweils insgesamt gekauft haben. Kannst du ihm diese Frage beantworten?

26 Andrea und Simone möchten für sich und drei Freundinnen einen leckeren Smoothie zubereiten. Sie haben dazu folgendes Rezept im Internet gefunden:

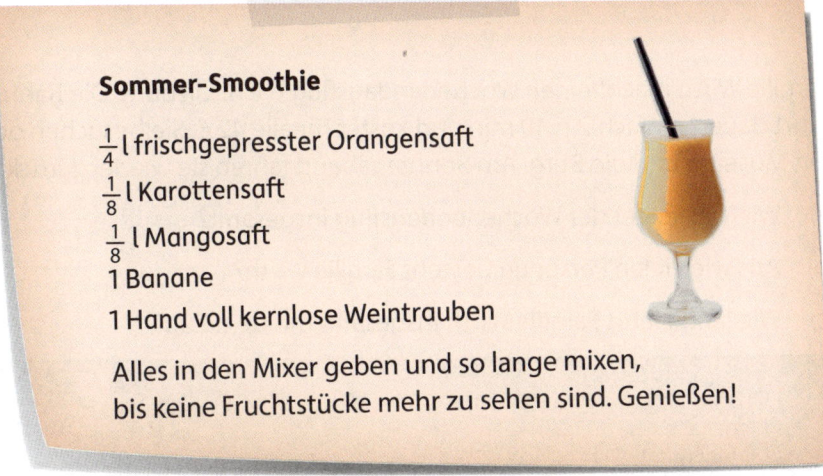

Sommer-Smoothie

$\frac{1}{4}$ l frischgepresster Orangensaft

$\frac{1}{8}$ l Karottensaft

$\frac{1}{8}$ l Mangosaft

1 Banane

1 Hand voll kernlose Weintrauben

Alles in den Mixer geben und so lange mixen, bis keine Fruchtstücke mehr zu sehen sind. Genießen!

Damit jedes der Mädchen ein großes Glas Smoothie bekommt, müssen sie die doppelte Menge zubereiten.

a) Schreibe das neue Rezept mit den doppelten Mengenangaben auf.

b) Andrea und Simone haben 0,5 l Orangensaft zuhause.
Reicht dies für das neue Rezept?

Für Matheknobler

> Jetzt bist du schon ein richtiger Matheprofi! Aber pass auf! In diesem Kapitel habe ich Aufgaben versteckt, die unlösbar sind.

Wenn eine Aufgabe nicht lösbar ist, überlege, welche Information fehlt!

127 Eric kauft mit seiner Oma für seine Geburtstagsparty ein. Für Fleisch geben sie 57,89 € aus. Im Supermarkt kaufen sie einen Kasten Limonade für 6,80 € und Süßigkeiten. Beim Bäcker kauft Eric 7 Baguettes zu je 89 ct.

a) Wie viel kostet eine Flasche Limonade?

b) Wie viel bezahlt Eric beim Bäcker?

c) Wie viel geben sie insgesamt aus?

128 Familie Wirth macht einen Wochenendausflug nach Salzburg. Die Bahnfahrt dauert einfach 2 h 40 min und kostet für alle 42 €. Sie besuchen dort ein Museum und die Burg. Am Sonntagabend fahren sie wieder zurück.

a) Wie viel kostet der Wochenendausflug insgesamt?

b) Aus wie vielen Personen besteht Familie Wirth?

c) Wie lange fährt Familie Wirth insgesamt mit dem Zug?

29 Die „Franz von Kohlbrenner Mittelschule" plant einen Wandertag.
Die Klassen 7a, 8b und 6b fahren gemeinsam nach Rosenheim.
Jeder Schüler dieser Klassen zahlt für die Zugfahrt 4,80 €.
Insgesamt besuchen 480 Schüler diese Schule.
Wie viel kostet die Zugfahrt für alle Schüler zusammen?

30 Bogdan geht mit seinen Eltern ins Theater. Bei den Theaterkarten sind die
Kosten für die öffentlichen Verkehrsmittel bereits enthalten. Die ermä-
ßigte Karte für Schüler kostet 9 € weniger als eine Erwachsenenkarte. Für
die Eintrittskarten bezahlen sie 66 €. Um 20 Uhr beginnt die Vorstellung.
Danach gehen sie noch zum Pizzaessen. Für die Fahrt mit den öffentlichen
Verkehrsmitteln und das Essen bezahlen sie insgesamt 32,90 €.

a)   Wie viel kostet der Restaurantbesuch?

b)   Wie lange dauert die Vorstellung?

c)   Wie viel kostet die ermäßigte Eintrittskarte?

31 Die Klasse 5b backt 9 Schokoladenkuchen für den Tag der offenen Tür.

Rezept für **zwei** zarte Schoko-Nuss-Kuchen:

4 Eier	200 g weiche Butter
300 g Zucker	250 g Mehl
100 g geriebene Haselnüsse	2 Teelöffel Backpulver
2 Päckchen Vanillezucker	6 Esslöffel Kakao

a)   Jeder Kuchen wird in 12 Stücke geteilt.
Wie schwer ist ein Stück Kuchen?

b)   Wie viele Eier und wie viel g Mehl brauchen sie für alle 9 Kuchen?
Tipp: Denke an die Tabellen bei den Aufgaben **83** und **84**!

c)   Reicht ein Kilogramm Zucker für die 9 Kuchen?

Stichwortverzeichnis

Hier siehst du Stichwörter, zu denen du passende Aufgaben finden kannst. **Fett gedruckte Aufgabennummern** (z. B. **vor 11**) geben dir einen Hinweis, wo Merkkästen zu Themen stehen. Inhaltliche, nicht mathematische Stichwörter sind *kursiv* gedruckt (z. B. *Oktoberfest*).